高等院校信息技术应用型规划教材

Visual Basic
程序设计实验教程

李光师　温春友　主　编
孙冀侠　姜红艳　李　莹　副主编

清华大学出版社
北　京

内 容 简 介

本书是《Visual Basic 程序设计教程》的配套实验教程,依据主教材的章节结构,精心安排了对应的实验内容。实验中设计了大量实用、典型、操作性强的实例,丰富和补充了主教材的内容。

全书共 17 个实验,包括 Visual Basic 6.0 集成开发环境、窗体的设计与应用、Visual Basic 编程基础及 3 个常用控件、Visual Basic 语言基础与顺序结构程序设计,数据的输入和输出,选择结构程序设计,循环结构程序设计(一),循环结构程序设计(二),一维数组和二维数组,动态数组与控件数组,常用标准控件(一),常用标准控件(二),Sub 过程与 Function 过程的定义与调用,参数传递、变量与过程的作用域,可视界面应用程序设计,文件处理,Visual Basic 数据库开发。

本书可作为高等院校、各类计算机培训班 Visual Basic 程序设计课程的实验教材,也可作为计算机爱好者自学的参考书籍。

图书在版编目(CIP)数据

Visual Basic 程序设计实验教程/李光师,温春友主编.--北京:清华大学出版社,2015
高等院校信息技术应用型规划教材
ISBN 978-7-302-38689-6

Ⅰ.①V…　Ⅱ.①李…②温…　Ⅲ.①BASIC 语言-程序设计-高等学校-教材　Ⅳ.①TP312

中国版本图书馆 CIP 数据核字(2014)第 279469 号

责任编辑:孟毅新
封面设计:常雪影
责任校对:袁　芳
责任印制:宋　林

出版发行:清华大学出版社
　　　网　　址:http://www.tup.com.cn,http://www.wqbook.com
　　　地　　址:北京清华大学学研大厦 A 座　　　邮　　编:100084
　　　社 总 机:010-62770175　　　邮　　购:010-62786544
　　　投稿与读者服务:010-62776969,c-service@tup.tsinghua.edu.cn
　　　质 量 反 馈:010-62772015,zhiliang@tup.tsinghua.edu.cn
　　　课 件 下 载:http://www.tup.com.cn,010-62795764
印 装 者:北京国马印刷厂
经　　销:全国新华书店
开　　本:185mm×260mm　　　印　　张:8　　　字　　数:181 千字
版　　次:2015 年 5 月第 1 版　　　印　　次:2015 年 5 月第 1 次印刷
印　　数:1~2000
定　　价:18.00 元

产品编号:062090-01

前　言

Visual Basic 是面向对象的高级程序设计语言。学习程序设计最好的方法就是实践,只有通过大量的实践才能够真正地理解和掌握 Visual Basic 的编程方法。本书是针对《Visual Basic 程序设计教程》(李光师、温春友主编)编写的配套实验教程,根据主教材的章节次序编写了对应的实验。每个实验中都准备了大量实用、典型、操作性强的实例,以便学生在实验教学中进行实践和验证,从而提高学生的编程能力。

每个实验包括实验目的、预备知识、实验内容和实验题目四个部分。"实验目的"是本次实验的主要目的;"预备知识"是完成本次实验需要掌握的知识要点;"实验内容"是本次实验需要完成的操作实例,详细介绍了实例的设计思想、操作步骤,并给出参考代码;"实验题目"是本次实验的拓展练习,给出了编程的要点提示,可作为课后作业,能进一步激发学生自主思考,以提高学生的编程能力。

全书按照主教材的章节顺序共设计了 17 个实验,为了兼顾不同专业及其教学要求,各实验内容相对独立,教师可以根据实际教学情况进行取舍。

本书由李光师、温春友担任主编,孙冀侠、姜红艳、李莹担任副主编。第 1 章、第 4 章和第 6 章实验由李光师编写;第 2 章、第 3 章和第 10 章实验由温春友编写;第 5 章实验由姜红艳编写;第 7 章实验由李莹编写;第 8 章和第 9 章实验由孙冀侠编写。全书由李光师统稿并审定。

全书力求准确、完整,但由于编者水平有限,书中难免有不足之处,恳请专家和读者批评、指正。

编　者
2015 年 2 月

目　录

第1章 Visual Basic 概述

实验 1 Visual Basic 6.0 集成开发环境

一、实验目的

1. 掌握 Visual Basic 6.0 的启动和退出。
2. 熟悉 Visual Basic 6.0 的集成开发环境，了解各主要窗口的作用。
3. 了解 Visual Basic 应用程序开发的基本步骤。

二、预备知识

1. Visual Basic 6.0 的启动和退出

（1）启动 Visual Basic 6.0

要启动 Visual Basic 6.0，可以选择"开始"|"所有程序"|"Microsoft Visual Basic 6.0 中文版"|"Microsoft Visual Basic 6.0 中文版"命令，将显示"新建工程"对话框。选择使用的工程类型，单击"打开"按钮，即可进入 Visual Basic 6.0 的集成开发环境。

（2）退出 Visual Basic 6.0

方法 1：在 Visual Basic 6.0 的集成开发环境中，选择"文件"|"退出"命令。

方法 2：在 Visual Basic 6.0 的集成开发环境中，单击主窗口中的"关闭"按钮。

2. Visual Basic 6.0 的集成开发环境

在 Visual Basic 6.0 集成开发环境中可以进行用户界面设计、代码编辑、程序运行、编译和调试等工作。所有的 Visual Basic 应用程序都是在这个环境中进行开发的，它由主窗口、工具箱面板、窗体设计窗口、工程资源管理器面板、属性面板和代码窗口等组成，如图 1-1 所示。

3. 开发 Visual Basic 应用程序的基本步骤

开发 Visual Basic 应用程序的基本步骤如下。

（1）设计用户界面。

（2）设置对象的属性。

（3）编写事件代码。

（4）运行和调试程序。

（5）保存程序文件。

（6）制作应用程序的可执行文件。

標題栏　菜单栏　工具栏　工程资源管理器面板　属性面板

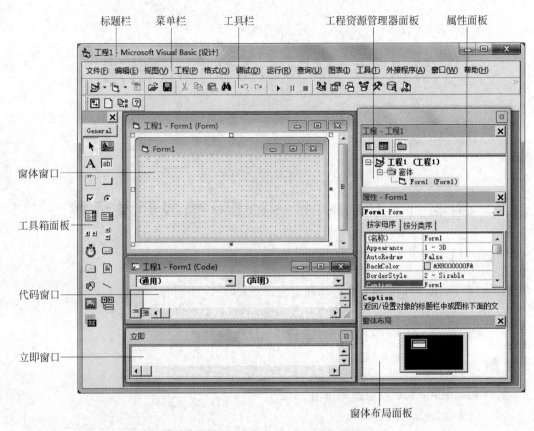

窗体窗口

工具箱面板

代码窗口

立即窗口

窗体布局面板

图 1-1　Visual Basic 6.0 集成开发环境

三、实验内容

【实例 1.1】　熟悉 Visual Basic 6.0 集成开发环境中的基本操作。

（1）启动 Visual Basic 6.0

方法：选择"开始"|"所有程序"|"Microsoft Visual Basic 6.0 中文版"|"Microsoft Visual Basic 6.0 中文版"命令。

（2）改变窗体窗口的大小和位置

对窗体窗口的一切操作，如移动、改变大小、最小化窗口等与 Windows 标准窗口的操作方法相同。

（3）打开代码窗口

可以选用以下三种常用方法打开代码窗口。

① 从工程资源管理器面板中选择窗体，然后单击"查看代码"按钮。

② 在窗体窗口中双击窗体本身。

③ 从"视图"菜单中选择"代码窗口"菜单命令。

（4）隐藏窗体窗口、工程资源管理器面板和属性面板

单击各窗口、面板的"关闭"按钮。

（5）打开窗体窗口

可以选用以下三种常用方法打开窗体面板。

① 在工程资源管理器面板中选择要打开的窗体，然后单击该面板顶部的"查看对象"按钮。

② 选择"视图"|"对象窗口"命令。

③ 按 Shift＋F7 键。

（6）打开工程资源管理器面板

可以选用以下三种常用方法打开工程资源管理器面板。

① 单击工具栏中的"工程资源管理器"按钮。

② 选择"视图"|"工程资源管理器"菜单命令。

③ 按 Ctrl＋R 键。

（7）打开属性面板

可以选用以下三种常用方法打开属性窗口面板。

① 选择"视图"|"属性窗口"菜单命令。

② 按 F4 键。

③ 单击工具栏中的"属性窗口"按钮。

（8）打开窗体布局面板

要打开窗体布局选择"视图"|"窗体布局窗口"菜单命令。

【实例 1.2】　创建一个简单的 Visual Basic 应用程序。程序要求：在窗体 Form1 的标题栏显示"VB 的第一个实验"；在窗体上有一个文本框 Text1，其内容为空；其下有两个按钮 Command1 和 Command2，标题分别为"我们是大一的学生"和"我们三年以后毕业"。当单击 Command1 按钮时，文本框中显示"我们是大一的学生"，当单击 Command2 按钮时，文本框中显示"我们三年以后毕业"。

操作步骤如下。

（1）启动 Visual Basic 6.0，在弹出的"新建工程"对话框中选择"标准 EXE"。

（2）在窗体 Form1 上添加一个文本框和两个命令按钮，并调整好各控件的大小和位置。

可以按下面的步骤在窗体中添加控件对象。

① 单击工具箱中的控件图标。

② 将鼠标指针移入窗体，鼠标指针变成"十"字形。

③ 拖动鼠标在窗体的适当位置画出一个合适大小的方框。

④ 释放鼠标左键，对应的控件对象出现在窗体上。

调整好的界面如图 1-2 所示。

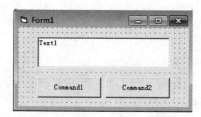

图 1-2　界面设计

3

（3）设置对象属性。调整完窗体布局后，接下来就要为窗体和这 3 个对象设置属性。根据本例要求，需要设置的对象属性见表 1-1。

表 1-1　对象的属性设置

对象名称（Name）	属 性 名 称	属 性 值
Form1	Caption（标题）	VB 的第一个实验
Text1	Text（文本）	空
Command1	Caption（标题）	我们是大一的学生
Command2	Caption（标题）	我们三年以后毕业

设置命令按钮 Command1 的标题为"我们是大一的学生"的操作步骤如下。

① 单击标有 Command1 的命令按钮，使该控件处于活动状态。

② 单击属性面板，从属性列表中找到 Caption 属性，双击该属性行，其右侧显示该属性的默认设置值为 Command1，并呈现被选中的状态。

③ 直接输入文字"我们是大一的学生"。

同样地，把 Command2 的 Caption 属性修改为"我们三年以后毕业"；把窗体的 Caption 属性修改为"VB 的第一个实验"；把 Text1 的 Text 属性清除。

注意：设置窗体的 Caption 属性时，首先要单击窗体的标题栏或者窗体的空白处，使窗体成为当前的活动对象，然后用上面介绍的方法将其 Caption 属性修改为"VB 的第一个实验"。

设置属性后的窗体如图 1-3 所示。

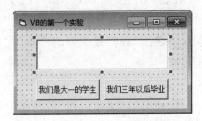

图 1-3　设置属性后的窗体

（4）编写事件代码。根据题意，当单击 Command1 按钮时，文本框中显示"我们是大一的学生"；当单击 Command2 按钮时，文本框中显示"我们三年以后毕业"。为此本例应分别在 Command1 和 Command2 命令按钮的 Click 事件过程中添加代码。具体操作步骤如下。

① 双击按钮 Command1 打开代码窗口，生成 Command1 的 Click 事件过程的开始和结束语句，然后在事件过程中间编写程序代码。程序代码如下：

```
Private Sub Command1_Click()
  Text1.Text = Command1.Caption  '或者 Text1.Text = "我们是大一的学生"
End Sub
```

② 用同样的方法生成 Command2 的 Click 事件过程的开始和结束语句，然后在事件过程中间编写程序代码。程序代码如下：

```
Private Sub Command2_Click()
```

```
Text1.Text = Command2.Caption    '或者 Text1.Text ="我们三年以后毕业"
End Sub
```

（5）运行应用程序。单击"启动"按钮,运行应用程序。分别单击两个按钮,运行界面如图 1-4 所示。

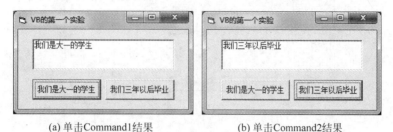

   (a) 单击Command1结果   (b) 单击Command2结果

图 1-4   实例 1.2 程序运行界面

（6）保存程序文件。对于本例,需要保存的有两个文件,一个窗体文件和一个工程文件。单击工具栏中的"保存工程"按钮,将弹出"文件另存为"对话框,如图 1-5 所示。此时,选择保存的位置,并为窗体文件命名"实例 2.frm"。保存完窗体 Form1 后,系统接着会弹出"工程另存为"对话框,如图 1-6 所示,将工程文件命名为"实例 2.vbp"。

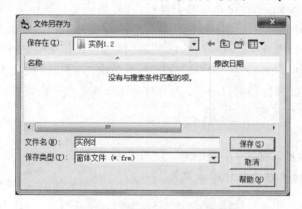

图 1-5   "文件另存为"对话框

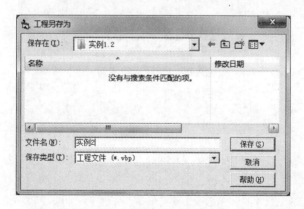

图 1-6   "工程另存为"对话框

（7）生成可执行文件。单击"文件"菜单中的"生成实例 2.exe"命令，弹出"生成工程"对话框，如图 1-7 所示，选择保存文件夹，输入文件名，单击"确定"按钮，EXE 文件便生成了。

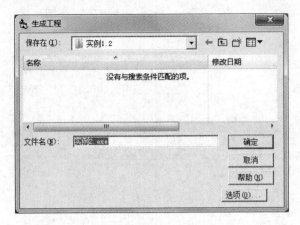

图 1-7 "生成工程"对话框

四、实验题目

1. 隐藏 Visual Basic 工具箱和标准工具栏，并再次将它们显示出来。

2. 创建一个简单的 Visual Basic 应用程序。程序要求：在窗体标题栏显示"标签的移动"；在窗体上有一个标签 Label1，其标题显示"你好！"；其下有两个按钮 Command1 和 Command2，标题分别为"向左走"和"向右走"；当单击"向左走"按钮时，Label1 向左移动 100 缇；当单击"向右走"按钮时，Label1 向右移动 100 缇；当单击窗体时，结束程序的运行。程序运行界面如图 1-8 所示。

提示：

（1）标签的移动通过改变 Label1 的 Left 属性来实现。

（2）Visual Basic 中结束程序的语句为 End。

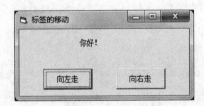

图 1-8 程序运行界面

第2章 Visual Basic 简单的程序设计

实验 2　窗体的设计与应用

一、实验目的

1. 掌握 Visual Basic 6.0 窗体的常用属性、事件和方法。
2. 掌握 Visual Basic 6.0 多重窗体的基本操作。

二、预备知识

1. 窗体

窗体是 Visual Basic 中最基本的对象，具有自己的属性、事件和方法。

(1) 属性：是一个对象的特性，不同的对象有不同的属性。窗体有很多属性，窗体属性决定了窗体的外观和操作。可以用两种方法来设置窗体属性：一是通过属性窗口设置；二是在事件过程中通过程序代码设置。

在程序中用代码设置窗体属性的格式如下：

[窗体名.]属性名称 ＝属性值

(2) 常用事件：窗体常用的事件有 Load、Click、DblClick、Activate、Deactivate 等。

(3) 常用方法：窗体的方法很多，其中最常用的方法有 Print、Cls、Show、Hide。Print 方法用于直接在窗体上输出文字；Cls 方法用于清除在运行时由 Print 方法在窗体上输出的内容；Show 方法使一个窗体可见；Hide 方法用于隐藏一个窗体。

2. 多重窗体的基本操作

(1) 添加窗体

添加窗体可以选用以下三种常用的方法。

① 选择"工程"|"添加窗体"菜单命令。

② 单击标准工具栏中的"添加窗体"按钮。

③ 右击"工程资源管理器"，在弹出的快捷菜单中选择"添加"|"添加窗体"菜单命令。

(2) 加载、卸载、显示和隐藏窗体

多窗体程序设计中，需要在多个窗体间切换，或对指定窗体进行打开、关闭、隐藏或显示等操作。对此，Visual Basic 提供了相应的语句和方法来实现。可以通过 Load 语句将窗体载入内存；通过 Unload 语句将窗体从内存中清除；通过 Show 方法和 Hide 方法来显示和隐藏窗体。

Hide 方法与 Unload 语句的区别在于：使用 Hide 方法后，该窗体仍在内存中。

三、实验内容

【**实例 2.1**】 窗体的属性设置示例。

操作步骤如下。

(1) 创建一个新的工程,并按表 2-1 所示内容设置窗体属性。

表 2-1   实例 2.1 窗体的属性

(名称)	Caption	Width	Height	Picture	MaxButton	MinButton	ControlBox
frmDemo	属性的设置	4800	3600	图片文件	False	False	True

(2) 设置"(名称)"属性:选中此属性,输入属性值为 frmDemo。

(3) 设置 Caption 属性:选中此属性,输入属性值为"属性的设置"。

(4) 设置 Width 和 Height 属性:分别选中这两个属性,输入数值 4800 和 3600。

(5) 设置 Picture 属性:选中此属性,单击 Picture 属性框右边的"···"按钮,打开"加载图片"对话框,如图 2-1 所示。在该对话框中选择一个图片文件,单击"打开"按钮载入。

图 2-1   "加载图片"对话框

(6) 设置 MaxButton 属性:选中此属性,在下拉列表中选择 False。

(7) 设置 MinButton 属性:选中此属性,在下拉列表中选择 False。

(8) 单击工具栏中的"启动"按钮运行程序。此时窗体界面如图 2-2 所示。在此基础上,将窗体的 ControlBox 属性设置为 False,再运行程序,则结果如图 2-3 所示。请仔细观察并体会两次运行程序时,窗体的不同之处。

图 2-2   窗体运行界面 1

图 2-3   窗体运行界面 2

（9）保存工程。

【实例 2.2】　窗体的常用事件示例。

操作步骤如下。

（1）创建一个新的工程，窗体使用默认名称 Form1。

（2）在 Load 事件过程中编写程序代码如下：

```
Private Sub Form_Load()
    Form1.Caption = "发生了窗体的 Load 事件"
End Sub
```

运行程序，此时窗体标题栏显示为"发生了窗体的 Load 事件"，如图 2-4 所示。说明在启动应用程序之后，首先由系统自动触发了窗体的 Load 事件。

图 2-4　Load 事件

说明：Load 事件是程序运行后，发生的第一个事件，通常用来在启动程序时对属性或变量进行初始化。

（3）结束程序运行，返回到设计状态，为窗体的 Click 事件过程编写代码如下：

```
Private Sub Form_Click()
    Form1.Caption = "发生了窗体的 Click 事件"
End Sub
```

运行程序，单击窗体，此时窗体标题栏变为"发生了窗体的 Click 事件"，如图 2-5 所示，说明单击窗体时，触发了 Form_Click 事件。

图 2-5　Click 事件

（4）结束程序运行，返回到设计状态，为窗体的 DblClick 事件过程编写代码如下：

```
Private Sub Form_Click()
    Form1.Caption = "发生了窗体的 DblClick 事件"
End Sub
```

运行程序，双击窗体，此时窗体标题栏变为"发生了窗体的 DblClick 事件"，如图 2-6 所示，说明双击窗体时，触发了 Form_Click 事件。

（5）保存工程。

【实例 2.3】　窗体的常用方法：Print 方法和 Cls 方法。程序要求：窗体 Form1 的标题栏显示"Print 方法和 Cls 方法"；窗体 BackColor 属性设置为 &H0000FFFF&（黄色）；

图 2-6　DblClick 事件

ForeColor 属性设置为 &H000000FF&（红色）；单击窗体时，在窗体上输出"窗体的常用方法练习"；双击窗体时，清除窗体上的文本。

操作步骤如下。

(1) 创建一个新的工程，窗体使用默认名称 Form1。

(2) 按表 2-2 所示内容设置窗体属性。

表 2-2　实例 2.3 窗体的属性

对象名称(Name)	属 性 名 称	属 性 值
Form1	标题(Caption)	Print 方法和 Cls 方法
	背景色(BackColor)	&H0000FFFF&（黄色）
	前景色(BackColor)	&H000000FF&（红色）

(3) 编写事件代码。程序代码如下：

```
Private Sub Form_Click()
    Print "窗体的常用方法练习"
End Sub
Private Sub Form_DblClick()
    Form1.Cls
End Sub
```

(4) 运行程序，单击窗体，程序运行结果如图 2-7 所示。

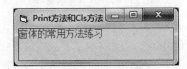

图 2-7　单击窗体

(5) 保存工程。

【实例 2.4】　窗体的常用方法：Move 方法。程序要求：窗体 Form1 的标题栏显示"Move 方法练习"，窗体的 Left 和 Top 属性值均为 2000 缇；在窗体上有一个命令按钮 Command1，标题为"复原"；单击窗体时，窗体移动到屏幕的左上角，同时窗体的长宽缩小一半；单击"复原"按钮时，窗体恢复到初始的位置和大小。

操作步骤如下。

(1) 创建一个新的工程，窗体使用默认名称 Form1。

(2) 按表 2-3 所示内容设置属性。

表 2-3　实例 2.4 窗体中各对象属性的设置

对象名称（Name）	属 性 名 称	属 性 值
Form1	标题（Caption）	Print 方法和 Cls 方法
	左边位置（Left）	2000
	顶边位置（Top）	2000
Command1	标题（Caption）	复原

（3）编写事件代码。程序代码如下：

```
Private Sub Form_Click()
    Form1.Move 0, 0, Form1.Width / 2, Form1.Height / 2
End Sub
Private Sub Command1_Click()
    Form1.Width = Form1.Width * 2
    Form1.Height = Form1.Height * 2
    Form1.Left = 2000
    Form1.Top = 2000
End Sub
```

（4）运行并保存工程。

【实例 2.5】　多窗体操作示例。

操作步骤如下。

（1）创建一个新的工程，窗体使用默认名称 Form1，其 Caption 属性设置为"第一个窗体"。在窗体上建立一个命令按钮 Command1，其 Caption 属性设置为"显示第二个窗体"，如图 2-8 所示。

（2）选择"工程"|"添加窗体"命令，在当前工程中添加一个新的窗体 Form2；窗体的 Caption 属性设置为"第二个窗体"。在窗体上建立一个命令按钮 Command1，其 Caption 属性设置为"返回第一个窗体"，如图 2-9 所示。

图 2-8　窗体 Form1 界面　　　　　图 2-9　窗体 Form2 界面

（3）编写事件代码。

窗体 Form1 中"显示第二个窗体"命令按钮（Command1）的程序代码如下：

```
Private Sub Command1_Click()
    Form2.Show
    Form1.Hide
End Sub
```

窗体 Form2 中"返回第一个窗体"命令按钮（Command1）的程序代码如下：

```
Private Sub Command1_Click()
```

```
      Form1.Show
      Form2.Hide
End Sub
```

（4）运行并保存工程。

程序运行后，单击窗体 Form1 中的"显示第二个窗体"命令按钮，显示第二个窗体，第一个窗体隐藏；单击窗体 Form2 中的"返回第一个窗体"命令按钮，显示第一个窗体，第二个窗体隐藏。

四、实验题目

1. 新建一个工程，具体要求如下。

（1）界面设计及控件的初始属性如图 2-10 所示，且运行后，窗体的大小不可以用鼠标拖动改变。

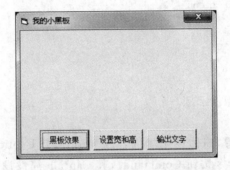

图 2-10　实验题目的窗体设计界面

（2）在窗体的 Load 事件中，将窗体的字号设置为 24，字形设置为粗体。

（3）当单击"黑板效果"命令按钮时，窗体的背景设置为黑色，前景设置为白色。

（4）当单击"设置宽和高"命令按钮时，窗体的宽和高分别设置为 4800 缇和 3600 缇。

（5）当单击"输出文字"命令按钮时，在窗体上输出"VB 程序设计！"。

（6）运行程序，依次单击"黑板效果"、"设置宽和高"、"输出文字"三个按钮，查看结果。

提示：

① 可以通过改变窗体的 BorderStyle 属性值来实现窗口的大小不能被改变。

② 设置窗体的背景色和前景色可使用 Visual Basic 系统定义的颜色常量：黑色为 vbBlack、白色为 vbWhite。

2. 在实例 2.5 多窗体操作示例中，两个命令按钮中隐藏窗体的语句还可以用什么语句来实现？请思考，并验证。

实验 3　Visual Basic 编程基础及 3 个常用控件

一、实验目的

1. 掌握在 Visual Basic 6.0 窗体上创建和调整控件的方法。

2. 掌握标签控件的常用属性、方法和事件。

3. 掌握文本框控件的常用属性、方法和事件。

4. 掌握命令按钮控件的常用属性、方法和事件。

二、预备知识

1. 控件

（1）创建控件

创建控件可选用以下两种方法：①直接在窗体上拖拽画出控件；②双击工具箱中的控件图标。

（2）选择多个控件

选择多个控件可选用以下两种方法：①按住 Shift 键或者 Ctrl 键，然后依次单击每个要选择的控件。②把光标移到窗体中适当的位置（没有控件的地方），然后拖动鼠标画出一个虚线矩形。

（3）基准控件

在被选择的多个控件中，有一个控件的周围是实心小方块（其他为空心小方块），这个控件就称为"基准控件"。当对选择的控件进行对齐，调整大小等操作时，将以"基准控件"为准。单击被选择的控件中的某个控件，即可把它变为"基准控件"。

2. 标签控件

标签控件通常用来标注本身不具有 Caption 属性的控件，只能显示文本信息，不能直接编辑。标签的默认名称（Name）和标题（Caption）为 Label$x$（x 为 $1,2,3,\cdots$）。标签可触发 Click 和 DblClick 事件。

3. 文本框控件

文本框控件既可以显示文本，又可以输入文本，主要用于用户与应用程序的交互。文本框的默认名称（Name）和文本内容（Text）为 Text$x$（x 为 $1,2,3,\cdots$）。文本框支持 Click、DblClick 等鼠标事件，同时支持 Change、GotFocus、LostFocus 等事件。

4. 按钮控件

命令按钮控件是 Visual Basic 应用程序中最常见的控件，它提供了用户与应用程序交互最简单的方法。命令按钮其默认名称（Name）和标题（Caption）属性均为 Command$x$（x 为 $1,2,3,\cdots$）。命令按钮最常用的事件是 Click 事件，当单击一个命令按钮时，触发 Click 事件。命令按钮不支持 DblClick 事件。

三、实验内容

【实例 2.6】　在窗体上添加和调整控件。

操作步骤如下。

（1）创建一个新的工程，窗体的 Name 属性和 Caption 属性使用默认值 Form1。

（2）在窗体上添加 3 个标签，分别为 Label1、Label2、Label3，如图 2-11 所示。

（3）调整控件。

① 移动控件。依次选中 3 个标签，用鼠标拖动调整它们的位置。

② 统一尺寸。同时选中 3 个标签，并使 Label3 成为"基准控件"，然后选择"格式"|"统一尺寸"|"两者都相同"命令，使 3 个标签大小相同。

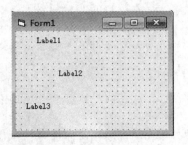

图 2-11　窗体上控件初始状态

③ 对齐控件。同时选中 3 个标签,选择"格式"|"对齐"|"左对齐"命令,使 3 个标签左端对齐;然后选择"格式"|"垂直间距"|"相同间距"命令,使 3 个标签垂直方向等间距。

经过上述调整后,窗体如图 2-12 所示。

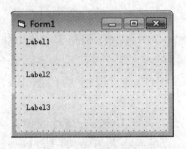

图 2-12　调整后窗体上的控件

(4) 复制控件。

① 在 Label1 右侧添加一个命令按钮 Command1。

② 单击 Command1 命令按钮将其选中,然后选择"编辑"|"复制"命令,或单击工具栏中的"复制"按钮。

③ 单击窗体空白区域,然后选择"编辑"|"粘贴"命令,或单击工具栏中的"粘贴"按钮。此时系统弹出一个信息框,提示已经有一个控件为 Command1,是否要创建一个控件数组,单击"否"按钮。

④ 此时窗体左上角新增了一个 Caption 显示为 Command1 的按钮控件(其 Name 属性为 Command2),将其拖动到 Label2 的右侧。用同样的方法再添加一个命令按钮Command3,并拖动到合适的位置,结果如图 2-13 所示。

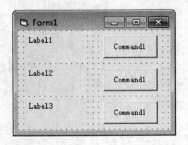

图 2-13　通过复制添加按钮

（5）把窗体中 3 个命令按钮大小调整为宽度 1100 缇、高度 500 缇；3 个命令按钮的左边距均为 2000 缇。同时选中 3 个命令按钮，此时，属性面板中出现它们的共同属性，设置 Width 属性值为 1100；设置 Height 属性值为 500；设置 Left 属性值为 2000。

【实例 2.7】　按钮和文本框控件的简单示例。程序要求：窗体 Form1 的标题栏显示"按钮和文本框样例"；在窗体上有两个文本框 Text1 和 Text2，两个命令按钮 Command1 和 Command2，标题分别为"替换"和"清除"；当窗体加载时，Text1 中显示"Visual Basic 程序设计"，Text2 中显示"Java"；程序运行时，首先用鼠标从 Text1 文本中选择部分文本，当单击"替换"按钮时，Text2 中的内容将替换 Text1 中选中的文本；当单击"清除"按钮时，两个文本框内容被清空。

操作步骤如下。

（1）创建一个新的工程，窗体使用默认名称 Form1。

（2）按表 2-4 内容设置属性，设置完成后窗体界面如图 2-14 所示。

表 2-4　实例 2.7 窗体中各对象属性的设置

对象名称（Name）	属 性 名 称	属 性 值
Form1	Caption（标题）	按钮和文本框样例
Text1	Text（文本）	
Text2	Text（文本）	
Command1	Caption（标题）	替换
Command2	Caption（标题）	清除

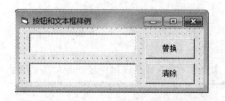

图 2-14　实例 2.7 的窗体设计界面

（3）编写事件过程代码，程序代码如下：

```
Private Sub Form_Load()
  Text1.Text = "Visual Basic 程序设计"
  Text2.Text = "Java"
End Sub
Private Sub Command1_Click()
  Text1.SelText = Text2.Text
End Sub
Private Sub Command2_Click()
  Text1.Text = ""
  Text2.Text = ""
End Sub
```

（4）运行并保存工程。运行程序，选中 Text1 中的"Visual Basic"，如图 2-15 所示。此时，单击"替换"按钮，Text1 文本框中的内容将变为"Java 程序设计"。如果单击"清除"按

15

钮,两个文本框将被清空,可以重新输入内容。

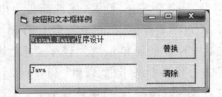

图 2-15　实例 2.7 的运行界面

【实例 2.8】　标签和按钮控件的简单示例。程序要求:窗体 Form1 的标题栏显示"标签和按钮样例";在窗体上有两个标签 Label1 和 Label2,其 Caption 属性分别为"博雅兼上"、"知行合一";一个命令按钮 Command1,标题为"交替显示";当窗体加载时,Label1 可见,Label2 不可见。程序运行时,单击"交替显示"按钮时,Label1 和 Label2 的内容交替在窗体上显示。

操作步骤如下。

(1) 创建一个新的工程,窗体使用默认名称 Form1。

(2) 按表 2-5 内容设置属性,设置完成后窗体界面如图 2-16 所示。

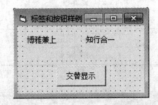

图 2-16　实例 2.7 的窗体设计界面

表 2-5　实例 2.8 窗体中各对象属性的设置

对象名称(Name)	属 性 名 称	属 性 值
Form1	Caption(标题)	标签和按钮样例
Label1	Caption(标题)	博雅兼上
Label2	Caption(标题)	知行合一
Command1	Caption(标题)	交替显示

(3) 编写事件过程代码,程序代码如下:

```
Private Sub Form_Load()
    Label1.Visible = True
    Label2.Visible = False
End Sub
Private Sub Command1_Click()
    Label1.Visible = Not Label1.Visible
    Label2.Visible = Not Label2.Visible
End Sub
```

(4) 运行并保存工程。运行程序,窗体界面如图 2-17(a)所示。单击"交替显示"按钮,窗体界面如图 2-17(b)所示。

(a) 运行初始界面　　　　(b) 单击"交替显示"按钮后界面

图 2-17　实例 2.8 的运行界面

【实例 2.9】　标签、文本框和按钮的综合应用。在窗体上有一个标签 Label1,一个文本框 Text1,6 个命令按钮 Command1～Command6,程序运行界面如图 2-18 所示。要求:程序运行时,当单击不同按钮时,文本框中的文本做出相应变化。

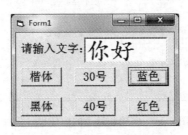

图 2-18　实例 2.9 的运行界面

操作步骤如下。

(1) 创建一个新的工程,窗体使用默认名称 Form1。

(2) 按图 2-18 界面设置属性。

(3) 编写事件过程代码。程序代码如下:

```
Private Sub command1_Click()
    Text1.FontName = "楷体"
End Sub
Private Sub Command2_Click()
    Text1.FontName = "黑体"
End Sub
Private Sub Command3_Click()
    Text1.FontSize = 30
End Sub
Private Sub Command4_Click()
    Text1.FontSize = 40
End Sub
Private Sub Command5_Click()
    Text1.ForeColor = vbBlue
End Sub
Private Sub Command6_Click()
    Text1.ForeColor = vbRed
End Sub
```

（4）运行并保存工程。

四、实验题目

1. 编写分别计算矩形、圆形、梯形面积的程序。要求：输入矩形、圆、梯形的相关参数，在输入的同时计算出对应的面积，并将结果显示在对应的标签中。窗体的设计界面如图 2-19 所示，程序运行结果如图 2-20 所示。

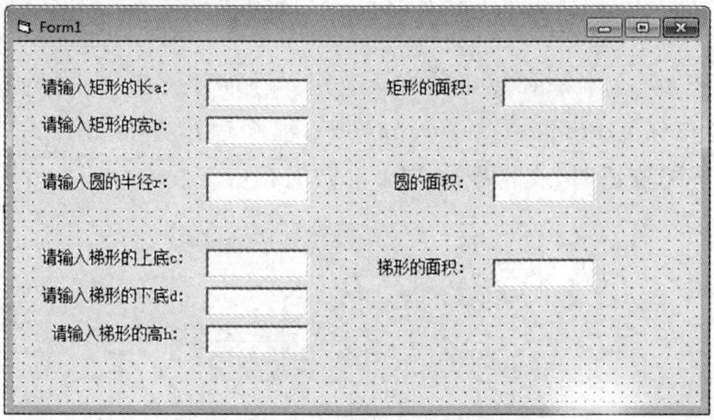

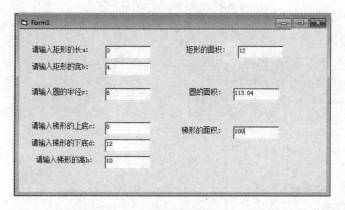

图 2-19　实验题目 1 的窗体设计界面

图 2-20　实验题目 1 的程序运行结果

提示：

（1）要想在文本框中输入参数的同时自动计算对应的面积，则应该把计算的代码写在文本框的 Change 事件过程中。

（2）显示计算结果的标签的 BorderStyle 属性应该设置为 1-Fixed Single。

（3）圆周率值取 3.14。

2. 新建一个工程，在窗体上创建 4 个命令按钮，名称分别为 cmd1、cmd2、cmd3、cmd4；以及一个标签控件，名称为 Lab1。编程完成如下要求。

（1）程序运行界面如图 2-21 所示。窗体设置背景图片，4 个命令按钮显示分别为"放大"、"加粗"、"下划线"、"移动"，标签显示为"同一个世界，同一个梦想！"，并将其水平居中。要求在窗体的 Form_Load 事件过程中书写代码初始化界面。

（2）单击"放大"按钮，标签显示的文字放大 3 倍，同时使标签在窗体上水平居中。

（3）单击"加粗"按钮，标签显示的文字则加粗，单击"下划线"按钮则标签显示的文字加下划线。

（4）每单击"移动"命令按钮一次，标签则向左移动 200 缇。

图 2-21　程序运行界面

提示：

① 放大功能是在原来字体大小的基础上放大为原来的 3 倍，所以表示为 Lab1. FontSize * 3。

② 使标签在窗体上水平居中，采用 Lab1. Left ＝（Form1. Width－Lab1. Width)/2 的方法。

③ 移动功能的实现是在原来的位置基础上向左移动 200 缇，原来的位置可用 Lab1. Left 表示。

第3章 Visual Basic 程序设计基础

实验 4 Visual Basic 语言基础与顺序结构程序设计

一、实验目的

1. 掌握 Visual Basic 的基本数据类型。
2. 掌握变量的命名规则及声明方法。
3. 掌握常量的分类和符号常量的定义方法。
4. 正确使用 Visual Basic 的运算符和表达式。
5. 掌握 Visual Basic 常用函数的使用方法。
6. 学会用赋值语句构造简单的顺序结构程序。

二、预备知识

1. Visual Basic 的数据类型

Visual Basic 提供了系统定义的基本数据类型,并允许用户根据需要定义自己的数据类型。Visual Basic 系统定义的基本数据类型主要包含字符串型和数值型,此外,还提供了日期型、逻辑型和变体类型。其中,数值型又分为字节型、整型、长整型、单精度浮点数、双精度浮点数和货币型。

2. Visual Basic 的变量的声明

声明变量就是声明变量名和变量类型,以决定系统为它分配存储单元。在 Visual Basic 6.0 中声明变量分为显式声明和隐式声明两种。

(1) 显式声明的格式

Dim <变量名 1 > [As <数据类型>][,<变量名 2 > [As <数据类型>]] …

或

Dim <变量名 1 > [<类型说明符>][,<变量名 2 > [<类型说明符>]] …

(2) 隐式声明

Visual Basic 允许用户在编写应用程序时,不声明变量而直接使用,系统临时为新变量分配存储空间并使用,这就是隐式声明。所有隐式声明的变量都是 Variant 数据类型。Visual Basic 根据程序中赋予变量的值来自动调整变量的类型。

3. 赋值语句

赋值语句用于给某变量或某对象的属性赋值,是 Visual Basic 中使用频率最高的语句。格式如下:

变量名|对象名.属性 = 表达式

4. Visual Basic 的运算符与表达式

在 Visual Basic 中有 4 种运算符:算术运算符、字符串运算符、关系运算符、逻辑运算符。而根据参与运算的运算符的不同,把 Visual Basic 表达式分为算术表达式、字符串表达式、关系表达式和逻辑表达式。

5. Visual Basic 的内部函数

Visual Basic 提供了大量的内部函数供用户编程时使用,内部函数也称标准函数,它们是 Visual Basic 系统为实现一些特定功能而设置的内部程序。在这些函数中,有些是通用的,有些则与某种操作有关。按内部函数的功能和用途,大体上可将其分为数学函数、字符串函数、日期时间函数、转换函数等。

三、实验内容

【实例 3.1】 变量与符号常量的声明与使用。编写一个简单的顺序结构程序,输入球体的半径,然后计算并输出球体的体积和表面积。程序运行界面如图 3-1 所示。

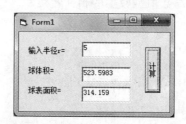

图 3-1 实例 3.1 的程序运行结果

程序代码如下:

```
Private Sub Command1_Click()
    Dim r As Single, v As Single, f As Single    '定义 3 个单精度变量
    Const PI = 3.14159           '把圆周率定义成为一个符号常量
    r = Val(Text1.Text)          '将 Text1 中输入的数字文本转换为数值型
    v = 4 / 3 * PI * r ^ 3       '计算球的体积并将结果存入 v 中
    f = 4 * PI * r ^ 2           '计算球的表面积并将结果存入 f 中
    Text2.Text = v
    Text3.Text = f
End Sub
```

【实例 3.2】 变量的运算与赋值。

```
Private Sub Form_Click()
    Dim a As Integer
    Dim b As Integer, c As Integer
    a = 5
    b = a + a^2
```

```
    Print "b 的值为"; b
    b = b + 6
    Print "b 的值为"; b
    c = b Mod a          '取余数
    Print "c 的值为"; c
    c = b \ a            '取整数
    Print "c 的值为"; c
End Sub
```

程序运行结果如图 3-2 所示。

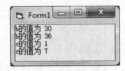

图 3-2　实例 3.2 的程序运行结果

分析：

（1）赋值语句兼有计算与赋值双重功能，当"＝"右边是表达式时，它首先计算表达式的值，然后再把计算结果赋给左边的变量。

（2）可以利用赋值语句多次给同一个变量赋值，此时，新值会覆盖旧值。

【实例 3.3】　逻辑型数据与数值型数据的相互转换。

程序代码如下：

```
Private Sub Command1_Click()
    Dim a As Integer                  '定义整型变量 b
    Dim b As Boolean, c As Boolean    '定义逻辑型变量 b 和 c
    c = 3 > 2: Print c
    a = c: Print a
    b = 1: Print b
    b = -1: Print b
    b = 0 : Print b
End Sub。
```

运行程序，单击窗体，输出结果如图 3-3 所示。

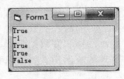

图 3-3　实例 3.3 的程序运行结果

分析：

（1）在 Visual Basic 中，逻辑型数据向数值型数据转换时，True 值转换为 −1，False 值转换为 0。因此，语句 a＝c 是将逻辑型数据（True）赋值给数值型变量 a，Visual Basic 自动将 True 转换为 −1。

（2）在 Visual Basic 中，整型数据向逻辑型数据转换时，非 0 值转换为 True，而 0 值转换为 False。因此,只有为 b 赋值为 0 时,结果为 False,其余结果为 True。

【实例 3.4】 体会 3 种除法运算符(/、\、Mod)的运算规则。输入一个被除数和一个除数,单击"除法运算"按钮,分别计算浮点除、整数除和余数除,并将结果分别显示在相应的文本框中。程序运行界面如图 3-4 所示。

图 3-4 实例 3.4 的程序运行界面

程序代码如下:

```
Private Sub Command1_Click()
    Dim d1 As Single, d2 As Single
    d1 = Val(Text1.Text)
    d2 = Val(Text2.Text)
    Text3.Text = d1 / d2
    Text4.Text = d1 \ d2
    Text5.Text = d1 Mod d2
End Sub
```

分析:

(1) 整除和取余运算中,如果运算量带有小数,则先将其四舍五入为整数,然后再做相应运算。运算量进行四舍五入时遵循"奇进偶不进"原则,即当舍去部分恰好等于 0.5 时,如果保留部分的左边第一个数为奇数时,0.5 进位;当剩余部分的左边第一个数为偶数时,0.5 舍去。因此,图 3-4 中,被除数 20.5 被四舍五入为 20,除数 3.5 被四舍五入为 4。

(2) 程序中 Val 函数是将文本框中的文本转换成数值,如果去掉,则系统会做强制类型转换,因为 d1 和 d2 已经定义为单精度类型。

【实例 3.5】 体会几个内部函数的功能。在两个文本框中输入数据的同时,自动计算各函数的值,并将结果分别显示在相应的结果标签中。程序运行界面如图 3-5 所示。

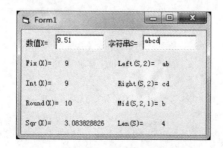

图 3-5 实例 3.5 的程序运行界面

程序代码如下：

```
Private Sub Text1_Change()
    Dim x As Single
    x = Text1.Text
    lblFix = Fix(x)
    lblInt = Int(x)
    lblRound = Round(x)
    lblSqr = Sqr(x)
End Sub
Private Sub Text2_Change()
    Dim s As String
    s = Text2.Text
    lblLeft = Left(s, 2)
    lblRight = Right(s, 2)
    lblMid = Mid(s, 2, 1)
    lblLen = Len(s)
End Sub
```

四、实验题目

1. 计算下列表达式的值，然后在立即窗口中验证各表达式的结果。

(1) "11" + 12 & "13"

(2) 3\3 * 3/3 Mod 3

(3) 4>3 * 3 Or Not "a" = "A"

(4) 5>2 Or Not "a" < > "A" And 7 Mod 4 < 1

(5) (5 > 2 Or Not "a" < > "A") And 7 Mod 4 < 1

(6) Len("12") + Val("12")

(7) (Int(−19.2)+Abs(−19.2)+Sgn(19.2))\19

2. 按图 3-6 所示界面设计一个简单的计算器。程序运行时，在两个文本框 Text1 和 Text2 中输入两个数，单击"＋"、"－"、"×"、"÷"按钮，分别做两个数的加法、减法、乘法和除法，计算结果显示在 Text3 中；当单击 C 按钮时，清除三个文本框中的内容。

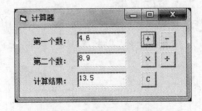

图 3-6　简单计算器界面

3. 在程序代码中，将下列数学表达式转换成 Visual Basic 表达式，输入相应的变量值，计算表达式的结果并输出。

(1) $[(3x-6)^2+\sin30°]\times2$

(2) $3e+\dfrac{\cos2x}{\sqrt{x+y}}$

提示：

① 角度转换成弧度的公式为：弧度＝角度×π/180°。

② π 值可以直接利用 3.14,e 值可以利用 EXP 函数返回。

③ Visual Basic 表达式中只能出现圆括号,乘号不能够省略。

实验 5　数据的输入和输出

一、实验目的

1. 掌握 Print 语句及相关格式控制函数的应用。

2. 掌握数据输入函数 InputBox 的使用方法。

3. 掌握 MsgBox 函数和 MsgBox 语句的使用方法。

二、预备知识

1. Spc(n)函数和 Tab(n)函数

在 Print 语句中可以使用 Spc(n)函数和 Tab(n)函数来控制数据输出的格式。其中,Spc(n) 函数用于在显示下一个表达式前插入 n 个空格;而 Tab(n)函数把光标移到第n列,从这个位置开始输出信息。

2. 格式输出函数 Format

功能：按"格式字符串"指定的格式输出"表达式"的值,"表达式"可以是数值、日期或字符串。

格式：

Format (表达式 [,格式字符串])

3. InputBox 函数

功能：InputBox 函数可以产生一个数据输入对话框,等待用户输入数据,并返回所输入的内容。

格式：

InputBox(提示信息[标题][,默认值][,x坐标,y坐标][,帮助文件,帮助主题号])

其中,提示信息为必选项,它是一个字符串,是在对话框内显示的信息,用于提示用户输入。如果提示信息的字符长度超过对话框的宽度时,可以自动换行,也可以按自己的要求换行,此时可以插入回车换行操作,即：Chr＄(13)＋Chr＄(10) 或 vbCrLf。

4. MsgBox 函数

功能：MsgBox 函数产生一个消息对话框,等待用户单击按钮,并返回一个整数,反映用户单击了哪个按钮。

格式：

MsgBox(提示信息[,按钮数值][,标题][,帮助文件,帮助主题号])

MsgBox 函数根据按钮数值参数的不同,可以弹出不同形式的消息框供用户使用。

5. MsgBox 语句

MsgBox 语句各参数的含义及作用与 MsgBox 函数相同，当不需要 MsgBox 语句的返回值做进一步处理时，可直接使用该语句。该语句常用于较简单的信息显示。

三、实验内容

【**实例 3.6**】 编写程序，利用 Print 语句和 Tab 函数在窗体上输出如图 3-7 所示的学生成绩表。

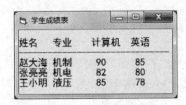

图 3-7　学生成绩表

程序代码如下：

```
Private Sub Form_Click()
    Print
    FontName = "黑体"        '字体类型为 "黑体"
    FontSize = 12           '字体大小为 12
    Print "姓名"; Tab(8); "专业"; Tab(16); "计算机"; Tab(24); "英语"
    Print "----------------------------- "
    Print "赵大海"; Tab(8); "机制"; Tab(16); 90; Tab(24); 85
    Print "张亮亮"; Tab(8); "机电"; Tab(16); 82; Tab(24); 80
    Print "王小明"; Tab(8); "液压"; Tab(16); 85; Tab(24); 78
End Sub
```

【**实例 3.7**】 编写程序，利用 Tab、Spc 函数和 Print 语句在立即窗口上显示如图 3-8 所示图形（要求第 1 行的 * 从第 15 列开始输出）。
程序代码如下：

```
Private Sub Form_Click()
    Debug.Print Tab(15); " * "
    Debug.Print Tab(14); " * "; Spc(1); " * "
    Debug.Print Tab(13); " * "; Spc(1); " * "; Spc(1); " * "
    Debug.Print Tab(12); " * "; Spc(1); " * "; Spc(1); " * "; Spc(1); " * "
End Sub
```

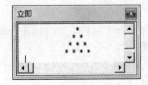

图 3-8　实例 3.7 的输出结果

【实例 3.8】　通过下面程序产生不同的对话框,仔细体会 InputBox 函数各参数的作用。

程序代码如下:

```
Private Sub Form_Click()
    Dim xm, zy, jsj, yy
    xm = InputBox("请输入姓名:")
    zy = InputBox("请输入专业:", "学生信息录入")
    jsj = InputBox("请输入计算机成绩:", , "90")
    yy = InputBox("请输入英语成绩", "学生信息录入", "80", 1000, 1000)
    Cls
    Print "姓名:"; xm
    Print "专业:"; zy
    Print "计算机:"; jsj
    Print "英语:"; yy
End Sub
```

【实例 3.9】　利用 InputBox 函数输入两个数,将其相加,并将结果显示在文本框中。
程序代码如下:

```
Private Sub Command1_Click()
    num1 = InputBox("请输入第一个数:")
    num2 = InputBox("请输入第二个数:")
    Text1.Text = num1 + num2
    num1 = Val(num1)
    num2 = Val(num2)
    Text2.Text = num1 + num2
End Sub
```

程序运行后,单击“输入两个数”按钮,在弹出的对话框中,依次输入 13 和 14,结果如图 3-9 所示。

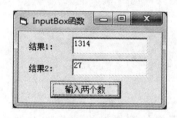

图 3-9　实例 3.9 的运行界面

分析:由于 InputBox 函数的返回值是字符串类型,因此,若不做类型转换,直接将num1 和 num2 相加,此时的“+”只能作为字符串的连接符,所以,结果为“1314”。

【实例 3.10】　MsgBox 函数的使用。在窗体中包含一个“退出”按钮,如图 3-10 所示。单击“退出”按钮后显示消息框如图 3-11 所示;当单击消息框的“是”按钮则退出系统,结束程序的运行;单击“否”按钮时,返回到窗体,并显示“欢迎回来!”,如图 3-12所示。

图 3-10　运行界面 1

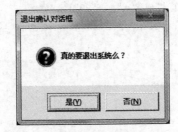

图 3-11　退出消息框

图 3-12　运行界面 2

程序代码如下：

```
Private Sub Command1_Click()
    Dim n As Integer
    n = MsgBox("真的要退出系统么?", vbYesNo + vbQuestion, "退出确认对话框")
    If n = 6 Then
        End
    Else
        Print "欢迎回来!"
    End If
End Sub
```

分析：此程序中为了根据用户的选择做进一步的处理，需要对 MsgBox 函数的返回值做进一步的判断，因此引入了 If 双分支结构语句。当 n＝6 时，表示用户按下了"是"按钮；否则表示用户按下了"否"按钮。

【实例 3.11】　MsgBox 语句的使用。设计一个圆面积计算程序，利用 InputBox 函数输入一个圆半径后，利用 MsgBox 语句显示计算的结果。

程序代码如下：

```
Private Sub Form_Click()
    Dim r As Single, s As Single
    r = Val(InputBox("请输入圆的半径:", "输入"))
```

```
    s = 3.14 * r ^ 2
    MsgBox "圆面积为: " & Str(s), vbInformation + vbOKOnly, "计算结果"
End Sub
```

运行程序,单击窗体,在弹出的输入框中输入 5,结果如图 3-13 所示。

图 3-13　实例 3.11 的运行界面

四、实验题目

1. 在"立即窗口"中验证下列数值的格式化输出结果。

```
Format(3276.5,"00000.0")
Format(3276.5,"#####.##")
Format(3276.5,"####0.00")
Format(2,"0.00%")
Format(534.5,"$##0.00")
Format(12345.65,"#,#.#")
```

2. 编写一个程序,程序运行后,在文本框中输入密码(密码为 12345),如图 3-14 所示。单击"确定"按钮,若密码正确,则显示如图 3-15 所示消息框;若密码不正确,则显示如图 3-16 所示消息框。单击"退出"按钮,结束程序的运行。

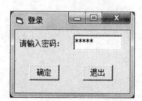

图 3-14　用户界面

图 3-15　密码正确消息框

29

图 3-16   密码错误消息框

提示:

(1) 应该设置文本框的 PasswordChar 属性。

(2) 使用 MsgBox 语句。

3. 设计一个平均数计算程序,利用 InputBox 函数输入 4 个数值,利用 MsgBox 语句显示这 4 个数的平均数。

第4章 Visual Basic 程序控制结构

实验 6　选择结构程序设计

一、实验目的

1. 掌握 If 单分支结构程序设计方法。
2. 掌握 If 双分支结构程序设计方法。
3. 掌握 If 多分支结构程序设计方法。
4. 掌握 Select Case 语句的使用方法。
5. 掌握 If 分支结构的嵌套。

二、预备知识

1. If 单分支选择结构

If 单分支结构比较简单，有两种格式。

（1）单行结构格式如下：

```
if  条件  Then 语句块
```

（2）块结构格式如下：

```
If  条件  Then
    语句块
End If
```

该语句的功能是：如果"条件"成立（值为 True），则执行"语句块"。

2. If 双分支选择结构

If 双分支结构同时考虑了当条件成立和不成立时的两种情况。

（1）单行结构格式如下：

```
If  条件  Then  语句块 1  Else  语句块 2
```

（2）块结构格式如下：

```
If  条件  Then
    语句块 1
Else
    语句块 2
End If
```

该语句的功能是：首先判断"条件"，其值为真（True）时，则执行"语句块 1"；其值为假（False）时，执行"语句块 2"。

3. If 多分支选择结构

If 多分支选择结构可以用来处理实际应用中可能发生的多种情况。

If 多分支选择结构的格式如下：

```
If    条件表达式 1    Then
      语句块 1
[ElseIf 条件表达式 2    Then
      语句块 2]
[ElseIf 条件表达式 3    Then
      语句块 3]
    ⋮
[Else
      语句块 n]
End If
```

多分支条件语句的功能是：如果"条件 1"为真时（True），则执行"语句块 1"；否则如果"条件 2"为真时（True），则执行"语句块 2"……否则执行"语句块 n"。

4. Select Case 语句

Select Case 语句也称情况语句或 Case 语句，它根据一个表达式的值，在一组相互独立的可选语句序列中挑选要执行的语句序列。Select Case 语句的层次结构比 If…Then…ElseIf 多分支选择结构更加简明、清晰。情况语句的一般格式如下：

```
Select Case    测试表达式
   Case    表达式列表 1
         语句块 1
   [Case 表达式列表 2
         [语句块 2]]
         ⋮
   [Case 表达式列表 n
         [语句块 n]]
   [Case Else
         [语句块 n + 1]]
End Select
```

Select Case 语句的功能是：根据"测试表达式"的值，从多个语句块中选择符合条件的一个语句块执行。

三、实验内容

【实例 4.1】 编写程序，计算下列分段函数的值。程序要求：单击窗体从键盘输入 x，在窗体输出 y 的值。

$$y=\begin{cases}2|x|+1 & (x<0)\\ x^2-5 & (0\leqslant x<10)\\ 3\cos x-1 & (x\geqslant10)\end{cases}$$

此分段函数有 3 种情况，可以采用 4 种不同的方法来实现。

（1）采用 3 个独立的单分支结构实现，程序代码如下：

```
Private Sub Command1_Click()
    Dim x As Single, y As Single
    x = InputBox("x = ", "分段函数计算")
    If x < 0 Then y = 2 * Abs(x) + 1
    If x >= 0 And x < 10 Then y = x * x - 5
    If x >= 10 Then y = 3 * Cos(x) - 1
    Debug.Print "x = "; x; "y = "; y
End Sub
```

（2）采用双分支 If 结构的嵌套实现，程序代码如下：

```
Private Sub Command2_Click()
    Dim x As Single, y As Single
    x = InputBox("x = ", "分段函数计算")
    If x < 0 Then
      y = 2 * Abs(x) + 1
    Else
      If x >= 0 And x < 10 Then
        y = x * x - 5
      Else
        y = 3 * Cos(x) - 1
      End If
    End If
    Debug.Print "x = "; x; "y = "; y
End Sub
```

（3）采用多分支 If 结构实现，程序代码如下：

```
Private Sub Command3_Click()
    Dim x As Single, y As Single
    x = InputBox("x = ", "分段函数计算")
    If x < 0 Then
      y = 2 * Abs(x) + 1
    ElseIf x >= 0 And x < 10 Then
        y = x * x - 5
    Else
        y = 3 * Cos(x) - 1
    End If
    Debug.Print "x = "; x; "y = "; y
End Sub
```

（4）采用 Select 情况语句实现，程序代码如下：

```
Private Sub Command4_Click()
    Dim x As Single, y As Single
    x = InputBox("x = ", "分段函数计算")
    Select Case x
      Case Is < 0
        y = 2 * Abs(x) + 1
      Case Is >= 10
        y = 3 * Cos(x) - 1
```

```
    Case Else
        y = x * x - 5
    End Select
    Debug. Print "x = "; x; "y = "; y
End Sub
```

【实例 4.2】 编程实现一个"吉祥 6 游戏"。程序要求：当单击"开始"按钮时，随机产生三个 0~9 之间的随机整数，只要其中有一个数为 6，则在标签上显示"吉祥如意"；如果三个数都不为 6 则显示"再接再厉"。程序运行界面如图 4-1 所示。

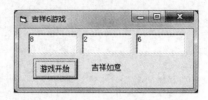

图 4-1 实例 4.2 的程序运行界面

程序代码如下：

```
Private Sub Command1_Click()
    Dim a%, b%, c%
    Randomize                      '初始化随机数函数
    a = Int(Rnd * 10)              '随机产生 0~9 的整数
    b = Int(Rnd * 10)
    c = Int(Rnd * 10)
    Text1. Text = a
    Text2. Text = b
    Text3. Text = c
    If a = 6 Or b = 6 Or c = 6 Then '对产生的随机数进行判断
        Label1. Caption = "吉祥如意"
    Else
        Label1. Caption = "再接再厉"
    End If
End Sub
```

【实例 4.3】 设计一个两位数加法测试程序。程序要求：由当程序运行时，单击窗体，系统随机产生两个两位的整数，分别显示在两个文本框中。接着，弹出一个结果输入对话框，用户输入答案。若输入答案正确则弹出如图 4-2 所示的正确提示对话框，否则弹出如图 4-3 所示的错误提示对话框。

图 4-2 正确提示对话框

图 4-3　错误提示对话框

程序代码如下：

```
Private Sub Form_Click()
  Dim a!,b!,c!,d!
  Randomize
  a = int(Rnd * 90) + 10
  b = int(Rnd * 90) + 10
  c = a + b
  Label1.Caption = a & " + " & b & " = ?"
  d = InputBox("请输入答案：","输入框")
  If c = d Then
    MsgBox "恭喜你,回答正确!",vbOKOnly + vbExciamation,"消息提示"
  Else
    MsgBox "对不起,回答错误!",vbOKOnly + vbCritical,"消息提示"
  End If
End Sub
```

【实例 4.4】　编写程序，评定某个学生奖学金的等级，以高数、英语、计算机 3 门课的考试成绩为评奖依据。奖学金分为一、二、三等奖，评奖标准如表 4-1 所示。

表 4-1　奖学金评定标准

一等奖学金	平均成绩≥90 分
二等奖学金	85 分≤平均成绩＜90 分
三等奖学金	80 分≤平均成绩＜85 分
没有奖学金	平均成绩小于 80，或者三门成绩中有一门在 80 分以下

符合条件者就高不就低，只能获得最高的那一项奖学金，要求显示获奖的等级。程序运行界面如图 4-4 所示。

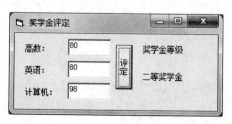

图 4-4　实例 4.4 的程序运行界面

程序代码如下：

```
Private Sub Command1_Click()
    Dim gs!, yy!, jsj!, pjf!
    gs = Val(Text1.Text)
    yy = Val(Text2.Text)
    jsj = Val(Text3.Text)
    pjf = (gs + yy + jsj) / 3
    If pjf < 80 Or gs < 80 Or yy < 80 Or jsj < 80 Then
        Label5.Caption = "没有奖学金"
    ElseIf pjf >= 90 Then
        Label5.Caption = "一等奖学金"
    ElseIf pjf >= 85 Then
        Label5.Caption = "二等奖学金"
    Else
        Label5.Caption = "三等奖学金"
    End If
End Sub
```

四、实验题目

1. 利用文本框输入三个数，然后将这三个数按照从小到大的顺序排序，并将结果输出在窗体上。

2. 编写程序，为窗体准备 3 张背景图片，通过单击窗体实现 3 张背景图片的循环切换。

3. 编写程序，计算下列分段函数的值。程序要求：在第一个文本框中输入 x 的值，在第二个文本框中显示 y 的值。

$$y=\begin{cases} x^2-1 & (x<0) \\ x & (0\leqslant x<10) \\ x^2+1 & (10\leqslant x<20) \\ x^3+x+1 & (20\leqslant x<30) \\ x^2-10 & (x\geqslant30) \end{cases}$$

4. 编写一个程序，功能是：输入三条边的边长，根据边长来判断能否构成三角形。若能构成三角形，则再判断出它为何种三角形，并计算出该三角形的面积。程序运行界面如图 4-5 所示。

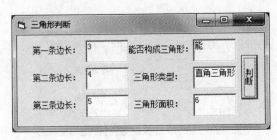

图 4-5　程序运行界面

提示：

（1）任意一边大于零且任意两边之和大于第三边，则这三条边能构成三角形。

（2）若三条边的边长满足勾股定理，即有两条边的平方和等于第三条边的平方，则该三角形是直角三角形。

（3）若任意两条边平方之和大于第三边的平方，则该图形为锐角三角形。

（4）若有一条边的平方大于另外两边的平方之和，则该图形为钝角三角形。

5．为某运输公司编写一个运费计算程序。运输距离越远，每公里运费越低。设每千米每吨货物的基本运费为 p，货物重量为 w，距离为 s，折扣为 d，则总运费 f 的计算公式为 $f = pws(1-d)$。其中，折扣的标准如下。

$s < 250$	没有折扣
$250 \leqslant s < 500$	2％折扣
$500 \leqslant s < 1000$	5％折扣
$1000 \leqslant s < 2000$	8％折扣
$2000 \leqslant s < 3000$	10％折扣
$3000 \leqslant s$	15％折扣

要求：在文本框 Text1、Text2 和 Text3 中分别输入运输距离、货物重量和吨•千米运费，单击命令按钮计算运费，并在文本框 Text4 和 Text5 中分别显示折扣值和应收运费金额。

实验 7 循环结构程序设计（一）

一、实验目的

1．掌握 For…Next 循环语句的使用方法。

2．掌握 Do…Loop 循环语句的使用方法。

3．掌握 While…Wend 语句的使用方法。

4．理解三种循环语句的适用条件及循环体的执行过程。

二、预备知识

1．For…Next 循环

For…Next 循环简称 For 循环。For 循环按规定的次数执行循环体，适于循环次数已知的情况。其一般格式如下：

```
For 循环变量 = 初值 To 终值 ［Step 步长］
    循环体
    ［Exit For］
Next ［循环变量］
```

For 循环语句的执行过程是：首先把"初值"赋给"循环变量"，接着检查"循环变量"的值是否超过终值，如果超过就停止执行"循环体"，跳出循环，执行 Next 后面的语句；否则执行一次"循环体",然后把"循环变量＋步长"的值赋给"循环变量",重复上述过程。

2. Do…Loop 循环

Do…Loop 循环简称 Do 循环。对于只知道控制条件,但不能预先确定需要执行多少次循环体的情况,可以使用 Do…Loop 循环。它有两种语法格式。

格式 1:

```
Do  [While|Until <条件>]
  语句块
  [Exit Do]
Loop
```

格式 2:

```
Do
  语句块
  [Exit Do]
Loop [ While|Until <条件>]
```

说明:

(1) 格式 1 是先判断条件,后执行循环体。While 和 Until 放在循环的开头,紧跟在关键字 Do 之后。使用 While 关键字,表示当指定的"条件"成立(值为 True)时,执行循环体;而使用 Until 关键字,表示当指定的"条件"成立(值为 True)时,结束循环。

(2) 格式 2 是先执行循环体,后判断条件,它至少执行一次循环体。While 和 Until 放在循环的末尾,紧跟在关键字 Loop 之后。

3. While…Wend 循环

While…Wend 循环语句,也称 While 循环或当循环。其格式如下:

```
While 条件
  [语句块]
Wend
```

While 循环语句的执行过程是:如果"条件"为 True(或非 0 数值),则执行"语句块";当遇到 Wend 语句时,控制返回到 While 语句并再次对"条件"进行测试,如仍然为 True,则重复上述过程;如果"条件"为 False,则跳出循环,执行 Wend 后面的语句。

三、实验内容

【实例 4.5】 编写程序,在屏幕上输出 100 以内的符合 $1,5,9,13,17,\cdots$ 规律的数,并求其个数及其总和。

分析:由于本题可以确定 1 和 100 分别为查找的下界和上界,即控制变量的初值和终值能够确定,因此,采用 For 循环比较方便。要查找的数值的规律可以描述为:相邻的两个数相差为 4 或者除以 4 余数为 1 的数。对应这两种不同的描述规律,可以采用两种方法来确定这些有规律的数值。

方法 1:通过设置 For 循环的步长来控制循环变量在有规律的数值中变化。

程序代码如下:

```
Private Sub Command1_Click()
  Dim a As Integer          '定义循环变量 a
  Dim s As Integer          '定义变量 s 用于存放有规律数值的累加和
```

```
  Dim n As Integer            '定义变量 n 用于存放有规律数值的个数累加和
  s = 0: n = 0                '初始化
  For a = 1 To 100 Step 4     '设置步长为 4,控制循环变量在有规律的数值中变化
    n = n + 1                 '个数加 1
    s = s + a                 '数值累加
  Next a
  Print "s = "; s
  Print "n = ", n
End Sub
```

方法 2：从 1 到 100 逐个验证当前数值是否满足规律,如果满足则将其累加并计数。
程序代码如下：

```
Private Sub Command2_Click()
  Dim a As Integer, s As Integer, n As Integer
  s = 0
  n = 0
  For a = 1 To 100
    If a Mod 4 = 1 Then      '如果该数除以 4 的余数为 1,则进行累加并计数
      n = n + 1
      s = s + a
    End If
  Next a
  Print "s = "; s
  Print "n = ", n
End Sub
```

【实例 4.6】　编写程序,从键盘任意输入一个整数,求 $\frac{1}{1\times2}+\frac{1}{2\times3}+\cdots+\frac{1}{n(n+1)}$ 的值。

程序代码如下：

```
Private Sub Form_Click()
  Dim m As Integer
  Dim N As Integer
  Dim s As Single    '变量 s 存放分数的累加和,因此不能将其定义为整型
  N = InputBox("请输入 N 值: ")
  s = 0
  For m = 1 To N
    s = s + 1/(m * (m + 1))
  Next m
  Print "s = 1/(1 * 2) + 1/(2 * 3) + … + 1/(N * (N + 1)) = "; s
End Sub
```

【实例 4.7】　编写程序,从键盘任意输入 6 个数,并在窗体中输出,然后找出其中的最大值和最小值,将结果显示在文本框中。程序运行界面如图 4-6 所示。

分析：本题首先输入第 1 个数存入变量 x 中,假设它既是最大值也是最小值,分别存入变量 max 和 min 中。然后利用 For 循环依次输入第 2 个到第 6 个数,每次输入新的 x 值,都将其与当前的 max 和 min 值相比较,如果发现比当前最大值(max)还大或比当前最小值(min)还小,则做相应的替换。

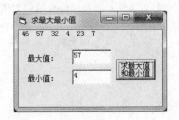

图 4-6　实例 4.7 的程序运行界面

程序代码如下：

```
Private Sub Command1_Click()
  Dim x As Single, max As Single, min As Single
  Dim n As Integer
  x = InputBox("输入数据: ", "请输入第 1 个数")
  Print x;
  max = x
  min = x
  For n = 2 To 6
    x = InputBox("输入数据: ", "请输入第" & n & "个数")
    Print x;
    If x > max Then max = x
    If x < min Then min = x
  Next n
 Text1.Text = max
 Text2.Text = min
End Sub
```

【实例 4.8】　编写程序，判断一个正整数 $n(n\geqslant3)$ 是否为素数。

只能被 1 和本身整除的正整数称为素数。例如，$2,3,5,7,\cdots$。为了判断一个整数 n 是不是素数，可以将 n 被 2 到 $n-1$ 间的所有整数相除，如果都除不尽，则 n 就是素数，否则 n 是非素数。可以使用一个标志变量 flag，初始时设置 flag 值为 1，在整除过程中若找到 n 的因子则将 flag 设置为 0。最后检验 flag 的值是否为 1 来判定 n 是不是素数。

程序代码如下：

```
Private Sub Command1_Click()
  Dim n As Integer, i As Integer, flag As Integer
  n = Val(Text1.Text)
  flag = 1
  For i = 2 To n - 1          '依次检测 n 能够被 i 整除, i = 2,3,…,n  1
    If n Mod i = 0 Then
      flag = 0                'n 能被某个 i 整除,则令 flag = 0
      Exit For
    End If
  Next i
  If flag = 1 Then           'flag 值为 1 表示没有任何因子,为素数
    MsgBox n & "是素数?"
  Else
    MsgBox n & "不是素数,因为它可以被" & i & "整除?"
```

```
    End If
End Sub
```

【实例 4.9】 编写程序,使用 Do...Loop 循环求 $n!$。

使用 Do While...Loop 格式的程序代码如下:

```
Private Sub Command1_Click()
    Dim s As Double
    Dim I As Integer, n As Integer
    s = 1
    n = InputBox("请输入自然数 n: ")
    If n <= 0 Then
        Exit Sub          '中途退出 Command1_Click 事件过程,下面的代码不再执行
    End If
    i = 1
    Do While i <= n
        s = s * i
        i = i + 1
    Loop
    Print n & "!= "; s
End Sub
```

思考:将本程序中用于存放阶乘结果的变量 s 分别定义为 Integer 或 Long 类型,请分析有什么不同,并进行验证。

【实例 4.10】 在窗体上打印所有三位的水仙花数(水仙花数是指每一位上的数字的立方和等于其本身的三位数,如 $153 = 1^3 + 5^3 + 3^3$)。

分析:此题可以对所有三位数逐个进行检测是否满足水仙花数的条件。[100,999]即为检测的范围,具体的检测代码需要重复执行,应该放在循环体内。在循环体内需要求出当前三位数的个位、十位和百位上的数字,然后验证它们的立方和是否等于这个数本身,满足条件则在窗体输出。

程序代码如下:

```
Private Sub Command1_Click()
    Dim n%, s%
    Dim b1%, b2%, b3%
    For n = 100 To 999
        b3 = n \ 100                'n 的百位
        b2 = (n - b3 * 100) \ 10    'n 的十位
        b1 = n Mod 10               'n 的个位
        s = b1 ^ 3 + b2 ^ 3 + b3 ^ 3    '求各位的立方和
        If s = n Then Print n & "是水仙花数"
    Next n
End Sub
```

【实例 4.11】 水果店有 100 斤苹果,第一天卖出一半多两斤,以后每天卖出剩下的一半多两斤,问几天以后能全部卖完。

分析:假设每天卖完剩余的苹果斤数为 n,按题意,只要 $n > 0$,就要继续卖,每天都会剩下 $n - (\mathrm{Int}(n/2) + 2)$ 斤。因此,可以将 $n > 0$ 作为执行循环体的条件,在循环体内计算每天

剩余的斤数 $n = n - (\text{Int}(n/2) + 2)$，并对天数进行计数。求几天能卖完的实质就是求循环体执行的次数。

程序代码如下：

```
Private Sub Form_Click()
    Dim t As Integer              '卖苹果的天数
    Dim n As Integer              '剩余苹果的斤数
    t = 0: n = 100                '赋初值,第 0 天剩余 100 斤
    While n > 0                   '只要剩余就继续卖
        n = n - Int(n / 2) - 2    '计算剩余斤数
        t = t + 1                 '天数加 1
    Wend
    Print "100 斤苹果" & t; "天卖完"
End Sub
```

【实例 4.12】 编写程序,计算 $s = 1 + 2 + 2^2 + 2^3 + 2^4 + \cdots$,直至 s 超过 1016 为止。

程序代码如下：

```
Private Sub Form_Click()
    Dim s As Long
    Dim i As Integer
    s = 0
    i = 1
    Do Until s > 1016
        s = s + i
        i = 2 * i
    Loop
    Print "s = "; s
End Sub
```

四、实验题目

1. 编写程序,计算下面各算式的值并输出结果。

(1) $1 + 2 + \cdots + 100$

(2) $1 \times 2 \times \cdots \times 100$

(3) $1 + 1/2 + 1/3 + \cdots + 1/100$

(4) $1^2 + 2^2 + 3^2 + \cdots + 100^2$

提示：

(1) 利用一个 For 循环就可以求出各算式的值。

(2) 要注意用于存储各表达式结果变量的类型。

2. 编写程序,计算 $1 + 11 + 111 + 1111 + 11111$ 的值并输出结果。

提示：后一项的数值 t_{n+1} 与前一项数值 t_n 之间存在如下关系,$t_{n+1} = 10 \times t_n + 1$。

3. 编写程序,从键盘上输入字符,对输入的字符进行计数,当输入的字符为"＊"时,停止计数,并输出结果。

4. 编写程序,求出满足除 3 余 2,除 5 余 3,除 7 余 2 的数中的最小数。

提示：假设这个数小于 1000,利用循环对从 2 到 1000 中的所有数逐一验证,若遇到满

足条件的数,则中途退出循环,停止对下一个数进行验证。

5. 编写程序,计算 $e=1+1/1!+1/2!+1/3!+1/4!+\cdots$,使精确度达到 10^{-5}。

提示:假设第 $i-1$ 项值为 t,则第 i 项的值为 t/i。当 $t>10^{-5}$ 时,在循环体内不断地计算下一项的值,并将其累加到 e 中。退出循环体时的 e 值即满足条件。

6. 编写程序,验证一个整数 n 是否是"完数"。所谓"完数"就是能被该数整除的所有数(不包含该数本身)的和正好等于该数,如 $28=1+2+4+7+14$,28 就是完数。

7. 编写程序,已知四位数 $abcd$,求所有满足 $4a+3b+2c+1d=dcba$ 条件的四位数。

8. 小猴子摘了若干个桃子,第一天吃掉一半多一个,以后每天吃掉剩下的一半多一个,如此,到第八天早上要吃时,只剩下一个桃子。编程计算出小猴子最初摘了多少个桃子?

实验 8　循环结构程序设计(二)

一、实验目的

1. 掌握多重循环的概念、执行过程和使用方法。
2. 掌握控制循环条件的使用方法和控制循环退出语句的使用方法。
3. 理解并掌握穷举法与迭代法等具有代表性的循环算法。

二、预备知识

1. 多重循环

通常把循环体内不含有循环语句的循环叫做单层循环,而把循环体内仍含有循环语句的循环称为多重循环。例如,在循环体内含有一个循环语句的循环称为二重循环。多重循环又称多层循环或嵌套循环。多重循环的执行过程是:外层循环每执行一次,内层循环就从头开始执行一轮。

2. 控制结构典型算法

(1) 穷举法

穷举法(又称"枚举法")的基本思想是:从可能的范围中一一列举各个元素,用题目给定的约束条件逐一判定哪些是符合要求的。能使条件成立者,即为问题的解。这种方法对一些无法用解析法求解的问题往往能奏效,通常采用多重循环来处理穷举问题,如著名的"百钱买百鸡"问题。

(2) 迭代法

迭代法(又称"递推法")的基本思想是:把一个复杂的计算过程转化为简单过程的多次重复。每次重复都从旧值的基础上递推出新值,并由新值代替旧值。迭代关系式的建立是解决迭代问题的关键,通常可以使用递推或倒推的方法来完成。迭代法是用于求解方程或方程组近似根的一种常用的算法设计方法。

三、实验内容

【实例 4.13】 编写程序,计算 $s=1!+2!+3!+\cdots+10!$ 的值。

分析：本题可以采用双重循环，内层循环用于计算 i 的阶乘；外层循环用于控制 i 的取值范围（从 1 到 10），并将内层循环计算的 $i!$ 累加到 s 中。

程序代码如下：

```
Private Sub Form_Click()
    Dim i As Integer, j As Integer
    Dim s As Long, p As Long          'p用于存放阶乘结果,s用于存放阶乘的累加和
    s = 0                             's初始化
    For i = 1 To 10
        p = 1                         '阶乘结果初始化
        For j = 1 To i
            p = p * j                 '计算阶乘
        Next j
        s = s + p                     '将阶乘累加到s中
    Next i
    Print "1! + 2! + 3! + … + 10!= "; s
End Sub
```

【实例 4.14】 编写程序，用 InputBox 输入一个正整数 n，在窗体上输出高为 n 的等腰三角形。当 $n=6$ 时，三角形如图 4-7 所示。

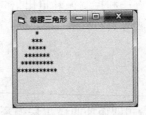

图 4-7 $n=6$ 的等腰三角形

分析：本题可以采用双重循环，内层循环用于控制每行输出星号的个数，外层循环用于控制输出的行数及每行输出的起始位置；从图形可以看出，第 i 行由 $2i-1$ 个星号组成，输出的起始位置为第 $n+1-i$ 列。

程序代码如下：

```
Private Sub Command1_Click()
    Dim n As Integer, i As Integer, j As Integer
    n = Val(InputBox("请输入三角形的高:", "输入"))
    For i = 1 To n                    '循环n次,每次输出一行
        Print Tab(n + 1 - i);         '设置每行输出的起始位置
        For j = 1 To 2 * i - 1
            Print " * ";              '输出第i行的星号
        Next j
    Next i
End Sub
```

除了上述方法外，下面的代码也可以输出同样的图形，请大家分析并验证。

```
Private Sub Form_Click()
    Dim n As Integer, i As Integer, j As Integer
    Dim str As String
```

```
        n = Val(InputBox("请输入三角形的高:", "输入"))
        For i = 1 To n                      '循环 n 次,每次输出一行
          str = ""
          For j = 1 To n - i                '输出该行前面的空格
            str = str & " "
          Next j
          For j = 1 To 2 * i - 1            '输出该行中的星号
            str = str & " * "
          Next j
          Print str
        Next i
      End Sub
```

【实例 4.15】　编写程序,计算 1~1000 之间所有完数的和。所谓"完数"就是能被该数整除的所有数(不包含该数本身)的和正好等于该数,如 $28 = 1 + 2 + 4 + 7 + 14$,28 就是完数。

验证一个整数 n 是否为完数的基本思想是:用 n 依次去除以$[1, n/2]$区间的所有整数,将能被整除的因子累加到变量 s 中,然后判断 $n = s$ 是否成立,成立则 n 是一个完数。验证 n 是否为完数的过程在内层循环中完成,外层循环用于控制 n 的取值范围$[1, 1000]$并对所有完数进行累加。

程序代码如下:

```
Private Sub Form_Click()
  Dim n%, i%
  Dim sum As Integer               'sum 用于存放所有完数的和,
  Dim s As Integer                 's 用于存放当前 n 的所有因子的和
  sum = 0
  For n = 1 To 1000
    s = 0
    For i = 1 To n / 2
      If n Mod i = 0 Then
        s = s + i
      End If
    Next i
    If n = s Then
      sum = sum + s
    End If
  Next n
  Print "1 到 1000 中所有完数的和为: "; sum
End Sub
```

【实例 4.16】　编程求解"百钱买百鸡"问题。中国古代数学家张丘建在他的《算经》中提出了著名的"百钱买百鸡问题":鸡翁一值钱五,鸡母一值钱三,鸡雏三值钱一,百钱买百鸡,问翁、母、雏各几何?

分析:对于此题,可以列举出各种可能的买鸡情况,从中选出鸡的总数为 100 只,且买鸡的钱也刚好是 100 元的公鸡、母鸡和小鸡数。设 100 只鸡中公鸡、母鸡、小鸡分别为 x, y, z,根据题意可进一步确定 x, y, z 三个变量的取值范围:若全买公鸡最多买 20 只,x 的值在$[0, 20]$之间;若全买母鸡最多买 33 只,y 的取值范围在$[0, 33]$之间;而鸡雏的只数则可表示为 $z = 100 - x - y$。

45

本题采用两重循环嵌套,第一层循环用于控制鸡翁,第二层循环用于控制鸡母,程序代码如下:

```
Private Sub Form_Click()
   Dim x As Integer                    '鸡翁数量
   Dim y As Integer                    '鸡母数量
   Dim z As Integer                    '鸡雏数量
   For x = 0 To 20
      For y = 0 To 33
         z = 100 - x - y
         If 5 * x + 3 * y + z / 3 = 100 Then
            '将符合条件的鸡翁、鸡母及鸡雏的数量进行输出
            Print "鸡翁"; x; "只,鸡母"; y; "只,鸡雏"; z; "只"
         End If
      Next y
   Next x
End Sub
```

【**实例 4.17**】 假设我国现有人口 13 亿,如果以每年 1.4％的速度增长,试计算多少年后我国人口达到或超过 20 亿。

分析:假设 p 为 n 年以后的人口数,y 为人口初值,r 为年增长率,则人口数量的迭代公式为 $p = y(1+r)^n$。

程序代码如下:

```
Private Sub Form_Click()
   Dim p As Double
   Dim r As Single
   Dim n As Integer
   p = 13
   r = 0.014
   n = 0
   Do Until p >= 20
      p = p * (1 + r)
      n = n + 1
   Loop
   Print n; "年后,我国人口将达到"; p; "亿"
End Sub
```

四、实验题目

1. 编写程序,在窗体上输出如图 4-8 所示图形。

图 4-8　输出图形

提示：

(1) 外层循环变量 i 控制输出的行数，第 i 行输出的起始位置为 10－i。

(2) 第 i 行输出 2∗i－1 个由 Trim(Str(10 － i))字符组成的字符串。

2. 编写程序，输出 100～300 之间的所有素数。在输出素数时，按 5 个数一行输出。

提示：可以设置一个变量 d 用于记录素数的个数，如果 d mod 5＝0 成立，应该使用 Print 语句为使下一个素数能够换行输出。

3. 编写程序，计算 $s=1!+3!+5!+7!+9!$的值。

4. 编写程序，用递推法计算 $\sin x \approx x-\dfrac{x^3}{3!}+\dfrac{x^5}{5!}-\dfrac{x^7}{7!}+\dfrac{x^9}{9!}-\cdots+(-1)^{m-1}\times\dfrac{x^{2m-1}}{(2m-1)!}+\cdots$，直到累加项的绝对值小于 10^{-6}为止。

提示：通项为 $a_k=(-1)^{k-1}\times\dfrac{x^{2k-1}}{(2k-1)!}$，当 $k=i$ 和 $i+1$ 时，得

$$a_i=(-1)^{i-1}\times\frac{x^{2i-1}}{(2i-1)!},\quad a_{i+1}=(-1)^i\times\frac{x^{2i+1}}{(2i+1)!}$$

不难得到两者之间的递推关系式如下：

$$a_{i+1}=-\frac{x^2}{2i\times(2i+1)}\times a_i$$

5. 编程实现搬砖问题。有 36 块砖，有 36 人搬，男人搬 4 块，女人搬 3 块，2 个小孩抬 1 块。要求一次全部搬完，问需要男人、女人和小孩各多少人？

6. 编写程序，用迭代法输出 100 以内的。斐波那契数列，即 1,1,2,3,5,8,13,…。该数列的特点是从数列的第 3 项开始，每一项都等于前面两项之和。

第5章　数　组

实验 9　一维数组和二维数组

一、实验目的

1. 理解数组的概念及分类。
2. 掌握一维数组和二维数组的定义方法。
3. 掌握一维数组和二维数组元素的引用方法和基本操作。
4. 掌握利用 Array 函数对数组进行初始化的方法。
5. 掌握一维数组和二维数组的典型应用。

二、预备知识

1. 数组的概念与分类

数组实际上就是一组具有相同类型的变量的有序集合,并用一个统一的数组名来作为标识。在 Visual Basic 中数组必须先定义后使用,根据定义时数组的大小确定与否分为静态(定长)数组和动态(可变长)数组两大类型。前者的大小是固定的,后者可以动态地改变数组的大小。而根据数组声明的维数(即数组下标的个数),数组又可分为一维数组和多维数组。

2. 一维数组和二维数组的定义

(1) 在定义静态的一维数组时,一般格式如下:

Dim 数组名([下界 To] 上界) [As　类型]

(2) 在定义静态的二维数组时,一般格式如下:

Dim　数组名([下界 1 to] 上界 1,[下界 2 to] 上界 2) [As 类型]

3. 数组的基本操作

(1) 数组元素的引用

一维数组的引用形式如下:

数组名(下标)

例如:

a(5)

二维数组的引用形式如下:

数组名(下标表达式 1,下标表达式 2)

例如:

x(2,3)

(2)数组元素的输入和输出

单个数组元素的输入输出方法与变量相同,区别只在于数组元素是带下标的变量;多个数组元素的输入输出一般利用循环结构来实现。

(3)通过 Array 函数对数组进行初始化

Visual Basic 提供了 Array 函数用于在程序运行之前为数组元素进行初始化。其格式如下:

数组变量名 = Array(数组元素值)

其中,"数组变量名"是预先定义的数组名,在"数组变量名"之后没有括号。

三、实验内容

【实例 5.1】 体会一维数组的定义与数组元素的赋值。定义一个包含 5 个元素的一维数组,数组各元素的值为 1、2、3、4、5,并将各元素值在窗体上输出,如图 5-1 所示。

图 5-1 实例 5.1 的程序运行界面

此题可以采用 3 种不同的方法来实现赋值。

方法 1:通过下标变量直接赋值。

```
Private Sub Command1_Click()
  Dim a(4) As Integer            '默认下界为 0
  For i = 0 To 4
    a(i) = i + 1
  Next i
  For i = 0 To 4
    Print a(i);
  Next i
End Sub
```

分析:在定义数组时,也可以使用语句 Dim a(1 To 5) As Integer,此时 For 循环变量 i 应该从 1 到 5,赋值语句应改为"a(i) = i;"。若在窗体的"通用"|"声明"位置使用了语句 Option Base 1,则语句 Dim a(1 to 5) As Integer 可直接写为 Dim a(5) As Integer。

方法 2:使用 InputBox 函数手动赋值。

```
Private Sub Command2_Click()
  Dim a(1 To 5) As Integer       '下界为 1
  For i = 1 To 5
    a(i) = InputBox("a(" & i & ") = ")
  Next i
  For i = 1 To 5
    Print a(i);
  Next i
End Sub
```

方法 3：使用 Array 函数为数组元素赋初值。

```
Private Sub Command3_Click()
  Dim a As Variant                    '定义数组变量
  a = Array(1, 2, 3, 4, 5)
  For i = 0 To 4
    Print a(i);
  Next i
End Sub
```

【实例 5.2】 编写程序,任意输入 9 个整数存入一维数组中,然后按每行 3 个元素输出一个 3×3 矩阵。程序运行界面如图 5-2 所示。

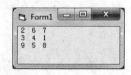

图 5-2 实例 5.2 的程序运行界面

程序代码如下：

```
Private Sub Form_Click()
  Dim x(1 To 9) As Integer, i As Integer
  For i = 1 To 9
    x(i) = InputBox("请输入整数：")
  Next i
  For i = 1 To 9
    Print x(i);
    If i Mod 3 = 0 Then Print          '如果 i 能被 3 整除,换行
  Next i
End Sub
```

【实例 5.3】 体会二维数组的基本操作。编写程序,随机产生 12 个一位整数,为一个 3×4 的二维数组赋值,然后输出并求出所有数组元素的和。程序运行结果如图 5-3 所示。

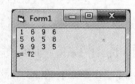

图 5-3 实例 5.3 的程序运行界面

程序代码如下：

```
Option Base 1                          '此行在窗体层声明
Private Sub Form_Click()
Dim a(3, 4) As Integer, s%
s = 0
Randomize
For i = 1 To 3
  For j = 1 To 4
```

```
        a(i, j) = Int(Rnd * 9 + 1)              '随机产生 0~9 之间的整数
        s = s + a(i, j)                          '求各元素累加和
      Next j
    Next i
    For i = 1 To 3
      For j = 1 To 4
        Print a(i, j);
      Next j
      Print                                      '换行
    Next i
    Print "s = "; s                              '输出数组元素的和
  End Sub
```

【实例 5.4】　利用 Array 函数将下列数据放入数组中并找出最大和最小元素及其
下标。

$$6,58,9,16,96,78,2,35,21,86$$

程序代码如下:

```
Private Sub Form_Click()
  Dim i As Integer
  Dim max As Integer, imax As Integer
  Dim min As Integer, imin As Integer
  Dim a As Variant
  a = Array(6, 58, 9, 16, 96, 78, 2, 35, 21, 86) '数组初始化
  max = a(0): min = a(0)                          '假设 a(0)既是最大值又是最小值
  For i = 0 To 9
    If a(i) > max Then                            '若 a(i)值比 max 大,则重新记录 max 和 imax
      max = a(i)
      imax = i
    End If
    If a(i) < min Then                            '若 a(i)值比 min 小,则重新记录 min 和 imin
      min = a(i)
      imin = i
    End If
  Next i
  Print "max = "; max, "imax = "; imax
  Print "min = "; min, "imin = "; imin
End Sub
```

【实例 5.5】　编写程序,随机产生 10 个两位整数,然后将数组元素的顺序调整为逆序
再输出。

分析:假设数组为 a,元素下标 i 从 1 开始,为了调整为逆序,应该将 a(1)和 a(10)交换,
a(2)和 a(9)交换,a(3)和 a(8)交换,a(4)和 a(7)交换,a(5)和 a(6)交换,可以看出,10 个元
素,共交换 10/2=5(次),每次将 a(i)和 a(10+1-i)交换,i=1,2,3,4,5。

程序代码如下:

```
Private Sub Form_Click()
  Dim a(1 To 10) As Integer, i%
  Randomize
```

```
    Print "随机产生的数组元素为："
    For i = 1 To 10
      a(i) = Int(Rnd * 90) + 10
      Print a(i);
    Next i
    For i = 1 To 10/2
      t = a(i)
      a(i) = a(10 + 1 - i)
      a(10 - i + 1) = t
    Next i
    Print
    Print "逆序输出为："
    For i = 1 To 10
      Print a(i);
    Next i
End Sub
```

运行程序，单击窗体，结果如图 5-4 所示。

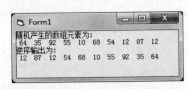

图 5-4　实例 5.5 的程序运行界面

【实例 5.6】　编写程序，在窗体上输出杨辉三角形的前 8 行矩阵，如图 5-5 所示。

图 5-5　杨辉三角形

从图 5-5 可以看出，对角线和每行的第一列均为 1，从第 3 行开始，每行的中间数是它的上一行中同一列元素和其前面一个元素之和。例如第四行第三列的值为 3，它是第三行第二列与第三列元素值之和，可以一般地表示为 $a(i,j)=a(i-1,j-1)+a(i-1,j)$。

程序代码如下：

```
Private Sub Form_Click()
    Dim a(1 To 8, 1 To 8) As Integer
    Dim i%, j%
    For i = 1 To 8
      a(i, i) = 1
      a(i, 1) = 1
    Next i
    For i = 3 To 8
      For j = 2 To i - 1
```

```
      a(i, j) = a(i - 1, j - 1) + a(i - 1, j)
    Next j
  Next i
  For i = 1 To 8
    For j = 1 To i
      Print a(i, j);
    Next j
    Print
  Next i
End Sub
```

【**实例 5.7**】　编写程序,利用二维数组输出如图 5-6 所示的方阵和方阵中的下三角,并计算主对角线元素的和。

图 5-6　方阵及下三角

假设二维数组为 a,i,j 分别代表行列两个下标,下标从 0 开始。从图 5-6 可以看出,矩阵中各元素的值恰好为行号与列号的和,即 a(i,j)＝i＋j;方阵中下三角元素 a(i,j) 的特点是:j＜＝i;主对角线元素 a(i,j) 的特点是:i＝j。

程序代码如下:

```
Private Sub Form_Click()
  Dim a % (4, 4), i%, j% , s%
  For i = 0 To 4
    For j = 0 To 4
      a(i, j) = i + j
    Next j
  Next i
  Print "方阵为: "
  For i = 0 To 4
    For j = 0 To 4
      Print a(i, j);
    Next j
    Print
  Next i
  Print "方阵的下三角为: "
  s = 0
  For i = 0 To 4
    For j = 0 To i
    Print a(i, j);
    If i = j Then
      s = s + a(i, j)
```

```
        End If
      Next j
      Print
   Next i
   Print "主对角线元素的和为:"; s
End Sub
```

四、实验题目

1. 编写程序,输出实例 5.7 中方阵的下三角元素,并计算副对角线元素的和。

2. 编写程序,随机产生 16 个两位整数,把这 16 个数以 4 行 4 列矩阵形式输出,并把矩阵的第 2 行和第 4 行的数据互换。

3. 不用输入数据,编写程序自动输出如下矩阵。

$$A = \begin{pmatrix} 1 & 2 & 3 & 4 & 5 \\ 1 & 1 & 6 & 7 & 8 \\ 1 & 1 & 1 & 9 & 10 \\ 1 & 1 & 1 & 1 & 11 \\ 1 & 1 & 1 & 1 & 1 \end{pmatrix}$$

提示:通过观察可知,当矩阵中元素的行号小于或等于列号时,元素 a(i,j) 的值为 1;否则,元素的值按行分别为 2,3,4,…,11。可以设置一个变量 k,令其初值为 1,当 i<j 时,每次执行 k=k+1 后,再将 k 的值赋给 a(i,j) 即可。

4. 编写程序,要求用选择排序法对输入的 n 个整数按从小到大排序并输出。

假设 n 个整数存放在数组 R 中,选择排序的基本思想是:第 1 次从 R[0]～R[$n-1$]中选取最小值,与 R[0]交换;第 2 次从 R[1]～R[$n-1$]中选取最小值,与 R[1]交换;……;第 i 次从 R[$i-1$]～R[$n-1$]中选取最小值,与 R[$i-1$]交换;……;第 $n-1$ 次从 R[$n-2$]～R[$n-1$]中选取最小值,与 R[$n-2$]交换。一共通过 $n-1$ 次交换,得到一个从小到大排列的有序序列。

5. 编写程序,将一维数组 A(10)中的元素依次向后移动一个位置,最后一个元素移到第一个元素的位置上,要求分别输出移动前后的数组元素值。

6. 编写程序,随机生成一个 3×4 的矩阵,并找出每一行的最大元素。

7. 编写程序,求两个矩阵相减得到的新矩阵。

实验 10　动态数组与控件数组

一、实验目的

1. 掌握动态数组的使用方法。

2. 掌握控件数组的创建方法。

3. 掌握动态数组和控件数组的典型应用。

4. 掌握 LBound 和 UBound 函数的使用方法。

二、预备知识

1. 动态数组的定义和使用

在定义动态数组时,只需要定义数组的名称和数组元素的数据类型,而不需要定义数组的维数和元素的个数。当使用动态数组时,必须在使用前用 ReDim 语句重新声明。

建立动态数组分为如下两步。

(1) 声明一个没有下标的数组(括号不能省略),其格式如下:

说明符 数组名()[As 类型]

(2) 在使用数组前,用 ReDim 语句重新定义带下标的数组,其格式如下:

ReDim [Preserve] 数组名[下界 1 to] 上界 1 [,[下界 2 to] 上界 2]... [As 类型]

2. LBound 函数和 UBound 函数

使用 UBound 和 LBound 函数可以获取数组的上下界,从而可以计算数组的大小。函数格式如下:

```
LBound(数组名[,维])                        '取某一维的上界
UBound(数组名[,维])                        '取某一维的下界
```

3. 控件数组的创建方法

可以在设计阶段通过如下三种方法来创建控件数组。

(1) 为类型相同的控件设置相同的名称。

(2) 复制现有的控件并且将其粘贴到窗体上。

(3) 将控件的 Index 属性值设置为非空的数值。

三、实验内容

【实例 5.8】 编写程序,输出斐波那契数列的前 n 项。斐波那契数列为:1,1,2,3,5,8,13,…。

分析:

(1) 该数列的特点是,从第三项开始,每一项的值等于它前面两项的和。

(2) 由于项数 n 的值不确定,因此,可以定义一个动态数组来存储数列的各项值。

程序代码如下:

```
Private Sub Command1_Click()
    Dim Fib(), i as integer, n as integer        '避免溢出,定义数组为 Variant 类型
    n = InputBox("输入 n 的值(n>1)")
    Print "数列的前"; n; "项为："
    ReDim Fib(n)
    Fib(1) = 1: Fib(2) = 1
    For i = 3 To n
       Fib(i) = Fib(i - 1) + Fib(i - 2)
    Next i
    For i = 1 To n
       Print Fib(i),
       If i Mod 5 = 0 Then Print                  '每行输出 5 个数
    Next i
```

55

```
    Print
End Sub
```

程序运行后,两次单击窗体,n 值分别输入 8 和 15,输出结果如图 5-7 所示。

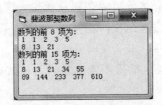

图 5-7　实例 5.8 的程序运行界面

【实例 5.9】　编写程序,动态生成一个存放整数的 $n \times n$ 方阵,然后输出该方阵的主、副对角线上元素的和,如图 5-8 所示。

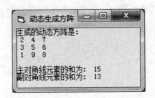

图 5-8　实例 5.9 的程序运行界面

分析:假设存放方阵的数组为 a,行、列下标变量为 i 和 j,则主对角线上的元素 a(i,j)可表示为 a(i,i);副对角线上的元素 a(i,j)可表示为 a(i,n+1−i)。

程序代码如下:

```
Private Sub Form_Click()
    Dim dyn() As Integer
    Dim i%, j%, n%, s1%, s2%
    n = InputBox("请输入方阵的行数:")
    ReDim dyn(n, n)
    Print "生成的动态方阵是:"
    For i = 1 To n
      For j = 1 To n
        dyn(i, j) = Val(InputBox("请输入数组元素"))
        Print dyn(i, j);
      Next j
      Print
    Next i
    s1 = 0: s2 = 0
    For i = 1 To n
      s1 = s1 + dyn(i, i)
      s2 = s2 + dyn(i, n + 1 - i)
    Next i
    Print
    Print "主对角线元素的和为: "; s1
    Print "副对角线元素的和为: "; s2
End Sub
```

【实例 5.10】 利用命令按钮控件数组制作一个如图 5-9 所示的电话号码模拟拨号器。单击数字按钮进行模拟拨号,文本框中显示号码;单击"拨号"按钮,文本框显示"正在连接中..."; 单击"取消"按钮,文本框将清空。

图 5-9 实例 5.10 的程序运行界面

程序代码如下:

```
Private Sub Command1_Click(Index As Integer)
  Text1.Text = Text1.Text & Command1(Index).Caption
End Sub


Private Sub Command2_Click()
  Text1.Text = "正在连接中..."
End Sub
Private Sub Command3_Click()
  Text1.Text = ""
End Sub
```

【实例 5.11】 创建一个文本框控件数组 Text1(包含 5 个文本框),在文本框 Text1 中分别输入 5 个不同的数,单击"确定"按钮,计算 5 个数中的最大值和最小值,并在文本框 Text2 和 Text3 中显示出来。程序运行界面如图 5-10 所示。

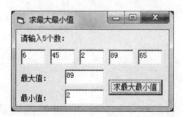

图 5-10 实例 5.11 的程序运行界面

程序代码如下:

```
Private Sub Command1_Click()
  Dim i%, max%, min%
  max = Text1(0).Text
  min = Text1(0).Text
  For i = 1 To 4
    If max < Text1(i).Text Then max = Text1(i).Text
    If min > Text1(i).Text Then min = Text1(i).Text
  Next i
```

```
     Text2.Text = max
     Text3.Text = min
  End Sub
```

【实例 5.12】 创建由 5 个标签组成的控件数组,在窗体上依次循环显示"祝你学好VB"。程序用户界面如图 5-11 所示。

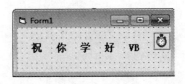

图 5-11 实例 5.12 的程序运行界面

程序代码如下:

```
Private Sub Form_Load()
  Dim i As Integer
  For i = 0 To 4
    Label1(i).Visible = False
  Next i
  Timer1.Enabled = True
  Timer1.Interval = 1000
End Sub
Private Sub Timer1_Timer()
  Static index As Integer
  If index <> 5 Then
    Label1(index).Visible = True
    index = index + 1
  Else
    For i = 0 To 4
      Label1(i).Visible = False
    Next i
    index = 0
  End If
End Sub
```

四、实验题目

1. 编写程序,要求通过键盘输入学生人数,并通过键盘输入每个学生的成绩。重新定义数组大小,使其在原有基础上增加 5 个数组元素,并把学生成绩输入到这 5 个数组元素中。运行结果如图 5-12 所示。

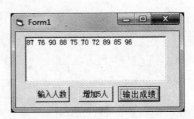

图 5-12 实验题目 1 的程序运行界面

提示：

（1）为了在 3 个按钮的功能实现中都能够使用动态数组，应该将其定义在窗体的通用声明处。例如：

```
Dim cj() As Integer, n As Integer
```

（2）可以通过 Redim Preserve 语句将数组元素增加 5 个，而原数组元素仍然保留。例如：

```
Redim Preserve cj(1 to n + 5)
```

（3）输出数组元素时，由于大小不确定，可以通过 LBound 和 UBound 函数来确定。例如：

```
For i = LBound(cj) To UBound(cj)
    Text1.Text = Text1.Text & cj(i) & " "
Next i
```

2. 利用随机函数，模拟抛币的结果。假设将两个硬币抛 n 次，求两个都是正面、两个都是反面、先正面后反面和先反面后正面 4 种情况各出现多少次。程序用户界面如图 5-13 所示，运行程序，单击"投币"按钮后，输入 n 值为 200，结果如图 5-14 所示。

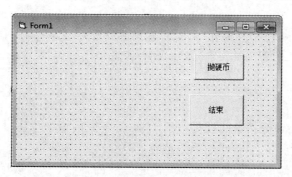

图 5-13　程序初始设计界面

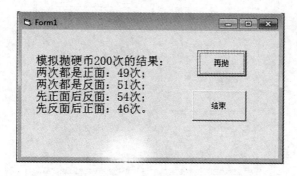

图 5-14　程序运行结果

这里给出以下两点提示。

（1）单击"抛硬币"按钮之后，按钮标题改变为"再抛"，其实现代码如下：

```
If Command1.Caption = "抛硬币" Then
```

59

```
        Command1.Caption = "再抛"
    End If
```

（2）可假设两个都是正面（简称"正正"）、先正面后反面（简称"正反"）、先反面后正面（简称"反正"）、两个都是反面（简称"反反"）4 种情况各出现 t0、t1、t2、t3 次，动态数组 a(n)、b(n) 用于存放 a、b 两个硬币分别投 n 次的正反面结果，0 表示正面，1 表示反面。用 int(rnd * 999) mod 2 模拟投币的结果，最后根据两个数组中的数据统计出最终结果。其中的关键程序代码如下：

```
Randomize
n = InputBox("输入两枚硬币先后被抛的次数：")
ReDima(n), b(n)
For i = 1 To n
a(i) = Int(Rnd * 999) Mod 2 '抛第 1 枚硬币,随机取 0 或 1
b(i) = Int(Rnd * 999) Mod 2 '抛第 2 枚硬币,随机取 0 或 1
Next i
For i = 1 To n
    If a(i) = 0 And b(i) = 0 Then
        t0 = t0 + 1        'a,b 都为 0,则"正正"次数加一
    ElseIfa(i) = 0 And b(i) = 1 Then
        t1 = t1 + 1        'a 为 0,b 为 1,则"正反"次数加一
    ElseIfa(i) = 1 And b(i) = 0 Then
        t2 = t2 + 1        'a 为 1,b 为 0,则"反正"次数加一
    ElseIfa(i) = 1 And b(i) = 1 Then
        t3 = t3 + 1        'a,b 都为 1,则"反反"次数加一
    End If
Next i
```

3. 创建包含 6 个命令按钮的控件数组，当单击不同的命令按钮时，窗体的背景色就变成指定的颜色（如红色、黄色、绿色、白色、蓝色、黑色）。

4. 编写程序，设计一个简易计算器，能进行数的加、减、乘、除运算。其运行界面如图 5-15 所示。

图 5-15　简易计算器的运行界面

第6章 Visual Basic 常用标准控件

实验 11 常用标准控件(一)

一、实验目的

1. 掌握单选按钮、复选框、框架、滚动条、列表框、组合框控件的常用属性、事件和方法。
2. 熟练应用上述控件创建用户界面,并能综合使用上述控件编写事件过程代码解决实际问题。

二、预备知识

1. 单选按钮、复选框和框架

在 Visual Basic 中,单选按钮(OptionButton)与复选框(CheckBox)控件主要作为选项供用户选择。不同的是,在一组单选按钮中,任何时刻用户只能从中选择一个选项,一旦选中其中某一项,其他单选按钮控件将自动变为未被选中状态;而在一组复选框中,可以选定任意数量的复选框。检查单选按钮与复选框是否被选中的常用方法是通过检查其 Value 属性的取值来实现。

框架(Frame)控件是一个经常与单选按钮和复选框一起使用的容器控件。使用框架控件除了可以实现单选按钮和复选框的按功能分组以外,也可以使户界面变得更加美观和清晰。

2. 列表框

列表框(ListBox)控件用于列出可供用户选择的项目的列表,用户可以从中选择一个或多个项目,也可以不选择任何项目。列表框的特点是:列表框中的项目既可以在设计阶段通过用户手动输入,也可以是在程序运行阶段通过程序代码添加到列表中,但运行时用户无法向列表中输入新的数据。

列表框控件主要接收 Click 与 DblClick 事件。列表框主要通过 AddItem、RemoveItem 和 Clear 方法在程序中动态地更新列表项。

3. 组合框

组合框控件(ComboBox)将文本框控件(TextBox)与列表框控件(ListBox)的特性结合为一体,兼具文本框控件与列表框控件两者的特性。它可以如同列表框一样,让用户选择所需项目;又可以如文本框一样通过输入文本来选择表项。根据组合框的类型,它们所响应的事件是不同的。组合框所响应的事件依赖于 Style 属性。例如,当组合框的 Style 属性值为 1 时，能接收 DblClick 事件；当 Style 属性值为 0 或 1 时，文本框可以接收 Change 事件。

跟列表框一样，组合框也有 AddItem、Clear、RemoveItem 方法。

4. 滚动条

滚动条控件是一种常用来取代用户输入的控件，可用鼠标调整滚动条中滑块的位置来改变值，分水平滚动条(HScrollBar)和垂直滚动条(VScrollBar)两种。在设计阶段，主要设置滚动条的 LargeChange、SmallChange、Max 和 Min 属性；在运行阶段，通过在其 Scroll 和 Change 事件过程中取得其 Value 属性值而监视用户对滚动条的操作。

三、实验内容

【**实例 6.1**】 单选按钮、复选框及框架控件综合举例。利用两组单选按钮分别控制文本框中文字的字号和颜色，利用一组复选框控制文字的字形。

操作步骤如下。

(1) 创建一个新的工程，窗体使用默认名称 Form1。

(2) 按表 6-1 内容设置属性，设置完成后窗体界面如图 6-1 所示。

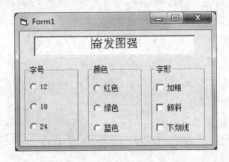

图 6-1 实例 6.1 的用户界面

表 6-1 实例 6.1 窗体中各对象属性的设置

对象名称(Name)	属 性 名 称	属 性 值
Text1	Text	奋发图强
Text1	Alignment	2-Center
Frame1	Caption	字号
Frame2	Caption	颜色
Frame3	Caption	字形
Option1	Caption	12
Option2	Caption	18
Option3	Caption	24
Option4	Caption	红色
Option5	Caption	绿色
Option6	Caption	蓝色
Check1	Caption	加粗
Check2	Caption	倾斜
Check3	Caption	下划线

（3）编写事件过程代码，程序代码如下：

```
Private Sub Option1_Click()
  Text1.FontSize = 12
End Sub
Private Sub Option2_Click()
  Text1.FontSize = 18
End Sub
Private Sub Option3_Click()
  Text1.FontSize = 24
End Sub
Private Sub Option4_Click()
  Text1.ForeColor = vbRed
End Sub
Private Sub Option5_Click()
  Text1.ForeColor = vbGreen
End Sub
Private Sub Option6_Click()
  Text1.ForeColor = vbBlue
End Sub
Private Sub Check1_Click()
  If Check1.Value = 1 Then
    Text1.FontBold = True
  Else
    Text1.FontBold = False
  End If
End Sub
Private Sub Check2_Click()
  If Check2.Value = 1 Then
    Text1.FontItalic = True
  Else
    Text1.FontItalic = False
  End If
End Sub
Private Sub Check3_Click()
  Text1.FontUnderline = Check3.Value
End Sub
```

思考：Check3_Click()事件过程中的语句为什么能够实现添加/取消下划线的效果？

【实例 6.2】 设计一个简单的运算器，程序用户界面如图 6-2 所示。程序运行后，在两个文本框中分别输入参加运算的操作数，然后选择一个运算符，单击"计算"按钮，按照用户的选择做相应的运算。若做除法运算则除数为 0 时，将弹出如图 6-3 所示的对话框；若计算结果需要四舍五入取整，则可以在计算前选中"四舍五入取整"复选框。

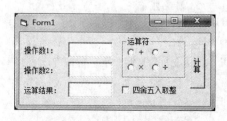

图 6-2　实例 6.2 的用户界面

图 6-3　提示对话框

操作步骤如下。

（1）创建一个新的工程，窗体使用默认名称 Form1。

（2）按表 6-2 内容设置属性，设置完成后窗体界面如图 6-2 所示。

表 6-2　实例 6.2 窗体中各对象属性的设置

对象名称（Name）	属 性 名 称	属 性 值
Label1	Caption	操作数 1：
Label2	Caption	操作数 2：
Label3	Caption	运算结果：
Frame1	Caption	运算符
Option1	Caption	＋
Option2	Caption	－
Option3	Caption	×
Option4	Caption	÷
Check1	Caption	四舍五入取整
Command1	Caption	计算

（3）编写事件过程代码，程序代码如下：

```
Private Sub Command1_Click()
    Dim num1!, num2!, jg!
    num1 = Val(Text1.Text)
    num2 = Val(Text2.Text)
    If Option1.Value = True Then jg = num1 + num2
    If Option2.Value = True Then jg = num1 - num2
    If Option3.Value = True Then jg = num1 * num2
    If Option4.Value = True Then
        If num2 <> 0 Then
            jg = num1 / num2
        Else
            MsgBox "除数不能为零!", , "警告"
        End If
    End If
    If Check1.Value = 1 Then
        Text3.Text = Round(jg)
    Else
        Text3.Text = jg
    End If
End Sub
```

【实例 6.3】　设计一个如图 6-4 所示的通识课选课应用程序。程序要求：窗体加载时，在左列表框中列出了待选的课程名称，右列表框为空，同时，"添加"、"删除"和"清空"按钮处于无效状态；当学生选择一门课程后，可以单击"添加"按钮，将左列表框中的选定的课程移动到右列表框中；当右列表框中有课程时，单击"删除"按钮，可以将右列表框中选定的课程移回到左列表框中；单击"清空"按钮，可以将右列表框中的所有项目移回到左列表框中。程序运行的界面如图 6-5 所示。

图 6-4　实例 6.3 的用户界面

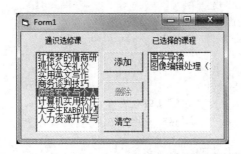

图 6-5　实例 6.3 的程序运行界面

分析：在实际应用中，为了防止无效操作产生的错误（例如，当没有在左侧列表框中选择任何课程的情况下，单击"添加"按钮），要考虑"添加"、"删除"和"清空"3 个命令按钮在不同状态下是否有效的问题。本例中的处理方法可以参考程序代码中的注释部分。

操作步骤如下。

（1）创建一个新的工程，窗体使用默认名称 Form1。

（2）按表 6-3 内容设置属性。

表 6-3　实例 6.3 窗体中各对象属性的设置

对象名称（Name）	属 性 名 称	属 性 值
Label1	Caption	通识选修课
Label2	Caption	已选择的课程
LstLeft	Font	五号
LstRight	Font	五号
CmdAdd	Caption	添加
CmdRemove	Caption	删除
CmdClear	Caption	清空

（3）编写事件过程代码，程序代码如下：

```
Rem 窗体的加载事件代码
Private Sub Form_Load()
    LstLeft.AddItem "国学导读"
    LstLeft.AddItem "红楼梦的情商研究"
    LstLeft.AddItem "现代公关礼仪"
    LstLeft.AddItem "实用英文写作"
```

```
        LstLeft.AddItem "商务谈判技巧"
        LstLeft.AddItem "图像编辑处理(Photoshop)"
        LstLeft.AddItem "网络安全与个人信息保护"
        LstLeft.AddItem "计算机实用软件技术应用"
        LstLeft.AddItem "大学生 KAB 创业基础"
        LstLeft.AddItem "人力资源开发与管理"
        CmdAdd.Enabled = False
        CmdRemove.Enabled = False
        CmdClear.Enabled = False
    End Sub
    Rem 单击左侧列表框的事件代码
    Private Sub LstLeft_Click()
        '如果选择了待选修的课程,"添加"按钮有效
        If LstLeft.ListIndex <> -1 Then CmdAdd.Enabled = True
    End Sub
    Rem 单击右侧列表框的事件代码
    Private Sub LstRight_Click()
        '如果选择了待删除的课程,"删除"按钮有效
        If LstRight.ListIndex <> -1 Then CmdRemove.Enabled = True
    End Sub
    Rem 单击"添加"按钮的事件代码
    Private Sub CmdAdd_Click()
        LstRight.AddItem LstLeft.Text
        LstLeft.RemoveItem LstLeft.ListIndex
        '将当前课程添加到 LstRight 列表框后,"添加"按钮无效
        CmdAdd.Enabled = False
        '当 LstRight 中有课程时,"清空"按钮有效
        CmdClear.Enabled = True
    End Sub
    Rem 单击"清空"按钮的事件代码
    Private Sub CmdClear_Click()
        Dim i As Integer
        '将 LstRight 列表框中的所有课程移回到 LstLeft 列表框中
        For i = 0 To LstRight.ListCount - 1
            LstLeft.AddItem LstRight.List(i)
        Next i
        LstRight.Clear
        '清空 lstRight 后,"清空"和"删除"按钮失效
        CmdAdd.Enabled = False
        CmdClear.Enabled = False
    End Sub
    Rem 单击"删除"按钮的事件代码
    Private Sub CmdRemove_Click()
        LstLeft.AddItem LstRight.Text
        LstRight.RemoveItem LstRight.ListIndex
        '将当前课程移回到 LstLeft 列表框后,"删除"按钮无效
        CmdRemove.Enabled = False
        '如果 LstRight 为空,则"清空"按钮无效
        If LstRight.ListCount = 0 Then CmdClear.Enabled = False
    End Sub
```

【实例 6.4】　设计如图 6-6 所示的用户界面。程序要求：窗体加载时，随机产生 10 个两位整数并显示在列表框中，单击"确定"按钮后，在两个文本框中分别显示列表框中所有奇数的和及所有偶数的和，程序运行界面如图 6-7 所示。

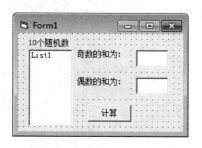

图 6-6　实例 6.4 的用户界面

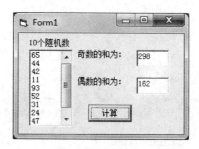

图 6-7　实例 6.4 的程序运行界面

操作步骤如下。

(1) 创建一个新的工程，窗体使用默认名称 Form1。

(2) 按表 6-4 内容添加控件对象并设置属性。

表 6-4　实例 6.4 窗体中各对象属性的设置

对象名称（Name）	属 性 名 称	属 性 值
Label1	Caption	10 个随机数
Label2	Caption	奇数的和为：
Label3	Caption	偶数的和为：
Command1	Caption	计算

(3) 编写事件过程代码，程序代码如下：

```
Rem 窗体加载事件代码
Private Sub Form_Load()
    Dim i As Integer
    '随机产生 10 个两位整数,并显示在列表框中
    Randomize
    For i = 1 To 10
        List1.AddItem Int(Rnd * 90) + 10
    Next i
End Sub
```

```
Rem 单击"计算"按钮事件代码
Private Sub Command1_Click()
  Dim i As Integer, s1 As Integer, s2 As Integer
  s1 = 0: s2 = 0
  For i = 0 To List1.ListCount − 1
    If List1.List(i) Mod 2 = 1 Then
      s1 = s1 + List1.List(i)
    Else
      s2 = s2 + List1.List(i)
    End If
  Next i
  Text1.Text = s1
  Text2.Text = s2
End Sub
```

【**实例 6.5**】 多选列表框举例。设计如图 6-8 所示的用户界面,窗体加载时在 List1 中自动添加如图 6-8 所示的 8 个列表项,文本框 Text1 清空;程序运行后,可在 List1 中选择多个协会名称,单击"显示"按钮,在 Text1 中显示参加的协会名称,同时在标签 Label3 中显示选中的协会数目。运行结果如图 6-9 所示。

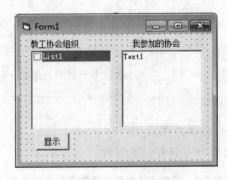

图 6-8 实例 6.5 的用户界面

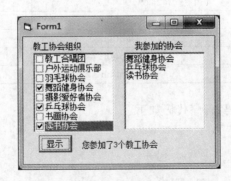

图 6-9 实例 6.5 的程序运行结果界面

操作步骤如下。

(1) 创建一个新的工程,窗体使用默认名称 Form1。

(2) 按表 6-5 内容添加控件对象并设置属性。

表 6-5 实例 6.5 窗体中各对象属性的设置

对象名称（Name）	属 性 名 称	属 性 值
Label1	Caption	教工协会组织
Label2	Caption	我参加的协会
Label3	Caption	
Text1	Text	Text1
	MultiLine	True
List1	Font	五号
Command1	Caption	显示

（3）编写事件过程代码，程序代码如下：

```
Rem 窗体加载事件代码
Private Sub Form_Load()
  List1.AddItem "教工合唱团"
  List1.AddItem "户外运动俱乐部"
  List1.AddItem "羽毛球协会"
  List1.AddItem "舞蹈健身协会"
  List1.AddItem "摄影爱好者协会"
  List1.AddItem "乒乓球协会"
  List1.AddItem "书画协会"
  List1.AddItem "读书协会"
  Text1.Text = ""
End Sub
Rem 单击"显示"按钮事件代码
Private Sub Command1_Click()
  For i = 0 To List1.ListCount - 1
    If List1.Selected(i) Then '如果当前项被选中,则将其连接到 Text1 中
      Text1.Text = Text1.Text & List1.List(i) & Chr(13) & Chr(10)
    End If
  Next i
  Label3.Caption = "您参加了" & List1.SelCount & "个教工协会"
End Sub
```

【实例 6.6】 组合框控件举例。设计一个程序，从 3 个不同类型的组合框中选择笔记本的配置，单击"确定"按钮，在窗体上显示相应的选择信息。运行界面如图 6-10 所示。

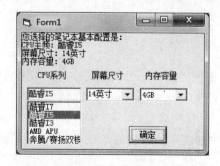

图 6-10 实例 6.6 的程序运行界面

操作步骤如下。

（1）创建一个新的工程，窗体使用默认名称 Form1。

（2）按表 6-6 内容添加控件对象并设置属性。

表 6-6　实例 6.6 窗体中各对象属性的设置

对象名称（Name）	属 性 名 称	属 性 值
Label1	Caption	CPU 系列
Label2	Caption	屏幕尺寸
Label3	Caption	内存容量
Combo1	Style	1
Combo2	Style	0
Combo3	Style	2
Command1	Caption	确定

（3）编写事件过程代码，程序代码如下：

```
Private Sub Form_Load()
    Combo1.AddItem "酷睿 I7"
    Combo1.AddItem "酷睿 I5"
    Combo1.AddItem "酷睿 I3"
    Combo1.AddItem "AMD APU"
    Combo1.AddItem "奔腾/赛扬双核"
    Combo2.AddItem "15 英寸"
    Combo2.AddItem "14 英寸"
    Combo2.AddItem "13 英寸"
    Combo2.AddItem "12 英寸"
    Combo2.AddItem "11 英寸"
    Combo2.AddItem "10 英寸"
    Combo3.AddItem "8GB"
    Combo3.AddItem "6GB"
    Combo3.AddItem "4GB"
    Combo3.AddItem "2GB"
End Sub
Private Sub Command1_Click()
    Print "您选择的笔记本基本配置是："
    Print "CPU 主频："; Combo1.Text
    Print "屏幕尺寸："; Combo2.Text
    Print "内存容量："; Combo3.Text
End Sub
```

【实例 6.7】　利用组合框控件设计一个简单的字体设置程序。程序要求：窗体加载时，用屏幕字体的名称填充组合框 Combo1，Combo1 默认字体为"隶书"，Combo2 默认为"常规"，Combo3 默认为 24 号字。程序运行时，从 3 种不同类型的组合框中选择字体、字形、字号，单击"确定"按钮后标签中的文字作相应的改变，程序运行界面如图 6-11 所示。

操作步骤如下。

（1）创建一个新的工程，窗体使用默认名称 Form1。

（2）按表 6-7 内容添加控件对象并设置属性。

70

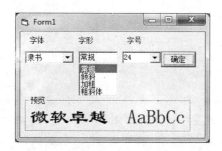

图 6-11　实例 6.7 的程序运行界面

表 6-7　实例 6.7 窗体中各对象属性的设置

对象名称（Name）	属 性 名 称	属　性　值
Label1	Caption	字体
Label2	Caption	字形
Label3	Caption	字号
Label4	Caption	微软卓越　　AaBbCc
Frame1	Caption	预览
Combo1	Style	2
Combo2	Style	1
Combo3	Style	0
Command1	Caption	确定

（3）编写事件过程代码，程序代码如下：

```
Private Sub Form_Load()
  '用屏幕字体的名字填充组合框 Combo1
  For i = 0 To Screen.FontCount - 1
    Combo1.AddItem Screen.Fonts(i)
  Next i
  Combo1.Text = "隶书"
  Combo2.Text = "常规"
  Combo3.Text = 24
End Sub
Private Sub Command1_Click()
  Label4.FontName = Combo1.Text
  Label4.FontSize = Val(Combo3.Text)
  If Combo2.Text = "常规" Then
    Label4.FontItalic = False
    Label4.FontBold = False
  End If
  If Combo2.Text = "倾斜" Then
    Label4.FontItalic = True
    Label4.FontBold = False
  End If
  If Combo2.Text = "加粗" Then
    Label4.FontBold = True
    Label4.FontItalic = False
```

```
      End If
    If Combo2.Text = "粗斜体" Then
      Label4.FontItalic = True
      Label4.FontBold = True
    End If
  End Sub
```

【实例 6.8】 利用滚动条控件设计一个如图 6-12 所示的调色板应用程序。使用 3 个滚动条作为三种基本颜色的输入工具,合成的颜色显示在右边的颜色预览区。颜色预览区实际上是 1 个标签(Label1),用合成的颜色设置其 BackColor 属性。当完成调色以后,可用"设置前景色(Command1)"或"设置背景色(Command2)"按钮分别设置右边文本框(Text1)的前景色或背景色。

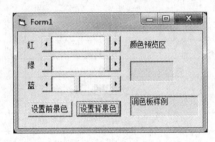

图 6-12　实例 6.8 的程序运行界面

操作步骤如下。

(1) 创建一个新的工程,窗体使用默认名称 Form1。

(2) 按表 6-8 内容添加控件对象并设置属性(3 个滚动条的 Value、Min、SmallChange 属性取默认值)。

表 6-8　实例 6.8 窗体中各对象属性的设置

对象名称(Name)	属 性 名 称	属 性 值
Label1	Caption	红
Label2	Caption	绿
Label3	Caption	蓝
Label4	Caption	颜色预览区
Label5	Caption	
	BorderStyle	1-Fixed Single
HScroll1	Max	255
HScroll2	Max	255
HScroll3	Max	255
HScroll1	LargeChange	30
HScroll2	LargeChange	30
HScroll3	LargeChange	30
Command1	Caption	设置前景色
Command2	Caption	设置背景色
Text1	Text	调色板样例

（3）编写事件过程代码，程序代码如下：

```
Private Sub HScroll1_Change()
    Label5.BackColor = RGB(HScroll1.Value, HScroll2.Value, HScroll3.Value)
End Sub
Private Sub HScroll2_Change()
    Label5.BackColor = RGB(HScroll1.Value, HScroll2.Value, HScroll3.Value)
End Sub
Private Sub HScroll3_Change()
    Label5.BackColor = RGB(HScroll1.Value, HScroll2.Value, HScroll3.Value)
End Sub
Private Sub Command1_Click()
    Text2.ForeColor = Text1.BackColor
End Sub
Private Sub Command2_Click()
    Text2.BackColor = Text1.BackColor
End Sub
```

【实例 6.9】　在窗体上画 1 个图片框（Picture1），并为其加载一幅图像，1 个垂直滚动条
（VScroll1）和 1 个水平滚动条（HScroll1）。在属性窗口对两个滚动条设置如下属性。

```
Max:4000
Min:15
LargeChange:100
SmallChange:50
```

程序要求：窗体加载时，图片框 Picture1 的宽和高分别为 800 缇和 1000 缇。当程序运
行后，移动垂直滚动条上的滑块或单击两侧的箭头，可使图片框的高度随之改变；而移动水
平滚动条上的滑块或单击两侧的箭头，可使图片框的宽度随之改变。程序运行界面如
图 6-13 所示。

图 6-13　实例 6.9 的程序运行界面

操作步骤如下。

（1）创建一个新的工程，窗体使用默认名称 Form1。

（2）按题意添加控件对象并设置各对象属性。

（3）编写事件过程代码，程序代码如下：

```
Private Sub Form_Load()
    Picture1.Height = 1000
    Picture1.Width = 800
End Sub
Private Sub HScroll1_Change()
    Picture1.Width = HScroll1.Value
End Sub
Private Sub HScroll1_Scroll()
    Picture1.Width = HScroll1.Value
End Sub
Private Sub VScroll1_Change()
    Picture1.Height = VScroll1.Value
End Sub
Private Sub VScroll1_Scroll()
    Picture1.Height = VScroll1.Value
End Sub
```

四、实验题目

1. 编写一个如图 6-14 所示的简单文本编辑器，文本内容可以自行输入，用户选择相关格式后，单击"确定"按钮，文本框中的文字做相应的变化；单击"取消"按钮，结束程序运行。

提示：要通过判断各单项按钮和复选框的 Value 属性值来对文本做相应的设置。

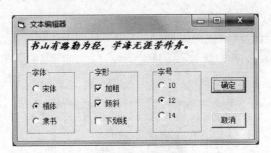

图 6-14　文本编辑器

2. 编写一个如图 6-15 所示的点餐程序。程序要求：两个列表框，左列表框显示饭店的菜单，右列表框初始状态为空；单击">"按钮，可以将左列表框中的指定菜名移动到右边列表框中；单击">>"按钮，可以将左列表框中的所有菜名移动到右列表框中；单击"<"按钮，可以将右列表框中选定的菜名移动到左列表框中；单击"<<"按钮，可以将右列表框中的所有菜名移动到左列表框中。

3. 设计一个如图 6-16 所示的笔记本价格记录清单。程序要求：窗体加载时，组合框中显示不同型号笔记本的价格，默认选中第一项，文本框内容为空，"确定"按钮不可用。程序运行时，如果用户选中组合框中的一项，单击"修改"按钮则将该项内容显示在文本框中，用户可在文本框中对内容进行修改，同时，"确定"按钮可用；若单击"确定"按钮，则可用文本框中的内容去替换组合框中当前选中项的原有内容，同时使"确定"按钮不可用，文本框清空；若单击"添加"按钮，则可把在文本框中的内容添加到组合框中，文本框清空。

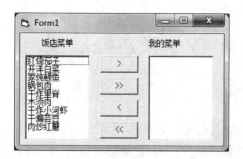

图 6-15　点餐程序界面

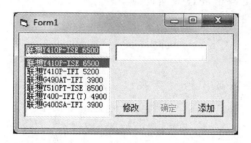

图 6-16　价格记录清单

提示：

（1）为使组合框默认选中第一项，可使用语句 Combo1.ListIndex ＝ 0。

（2）可以利用 Combo1.Text 获得组合框当前选中项目的内容。

（3）编程时，应该考虑"确定"按钮在不同情况的状态。

（4）在单击"添加"按钮时，应该考虑文本框中是否有内容。

4. 编程建立一个如图 6-17 所示的速度调节器。界面包含 1 个水平滚动条 HScroll1，其 Max 属性为 100，Min 属性为 0，LargeChange 属性为 10，SmallChange 属性为 2，Value 属性为 50；3 个标签：Label1、Label2、Label3，标题分别为"慢"、"快"、"速度："；1 个文本框 Text1，内容置空。编写适当的事件过程，使得移动滑块或单击箭头，在文本框中显示其值。

5. 编写如图 6-18 所示的利息计算程序。当通过滚动条改变本金、月份或年利率时，能立即计算出"利息"及"本息合计"。

提示： 本息合计 ＝本金＊(1＋(年利率/100)＊(月份数/12))。

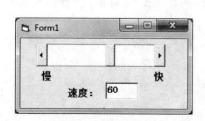

图 6-17　速度调节器

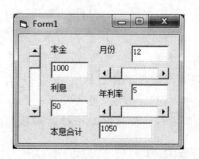

图 6-18　利息计算程序界面

实验 12　常用标准控件(二)

一、实验目的

1. 掌握图片框、图像框、计时器控件的常用属性、事件和方法。

2. 熟练应用上述控件创建用户界面，并能综合使用上述控件编写事件过程代码解决实际问题。

3. 学会使用鼠标与键盘事件过程编程。

二、预备知识

1. 图片框与图像框

图片框和图像框是 Visual Basic 中用来显示图片的两种基本控件，用于在窗体的指定位置显示图形图像内容。图片框和图像框在窗体上出现的形式基本相同，都可以装入多种格式的图像文件。其主要区别是：①图片框作为一个"容器"，可以把其他控件放在其内作为它的"子控件"；②图像框比图片框占用内存少，显示速度更快一些；③图片框控件封装了许多绘图方法，支持屏幕绘图，文字显示等。

常用属性如下。

(1) Picture 属性：是图片框和图像框用于加载图片的重要属性，它既可以在设计时通过"属性窗口"进行设置，也可以在程序运行时使用 LoadPicture 函数进行设置。

(2) AutoSize 属性：决定了图片框控件是否自动改变大小以显示图片的全部内容。取值为 True 时，图片框将自动改变尺寸以适应原图片的大小；取值为 False 时，图片框大小不变。

(3) Stretch 属性：用于确定图像框如何与图像相适应。取值为 False 时，图像框大小将适应原图像；取值为 True 时，图像将适应图像框的大小。

2. 计时器

计时器控件的作用是定时产生一个时钟(Timer)事件，利用这个事件可以定期进行程序处理。计时器有两个重要的属性：Enabled 和 Interval。

(1) Enabled 属性：用于表示计时器是否有效，取值为 True 时，计时器开始工作；取值为 False，计时器无效，不再触发 Timer 事件。

(2) Interval 属性：用于表示系统触发 Timer 事件的时间间隔，当 Interval 属性的值为 0 时，计时器无效。

3. 鼠标与键盘事件过程

鼠标事件过程可用来处理与鼠标光标的移动和位置有关的操作，而键盘事件过程可以处理当按下或释放键盘上某个键时所执行的操作。

三、实验内容

【实例 6.10】 利用图像框编写一个图像交替显示程序。单击"交替"按钮，交替显示两个图片,程序初始界面和单击"交替"按钮后的界面分别如图 6-19 和图 6-20 所示。

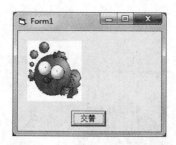

图 6-19　实例 6.10 的初始界面

图 6-20　单击"交替"按钮后的界面

操作步骤如下。

(1) 创建一个新的工程,窗体使用默认名称 Form1。

(2) 按表 6-9 内容添加控件对象并设置属性。

表 6-9　实例 6.10 窗体中各对象属性的设置

对象名称(Name)	属 性 名 称	属 性 值
Image1	Picture	E:\素材\pic1.jpg
Image2	Picture	E:\素材\pic2.jpg
Image1	Stretch	True
Image2	Stretch	True
Command1	Caption	交替

(3) 编写事件过程代码,程序代码如下:

```
Private Sub Form_Load()
    Image1.Visible = True
    Image2.Visible = False
End Sub
Private Sub Command1_Click()
    Image1.Visible = Not Image1.Visible
    Image2.Visible = Not Image2.Visible
End Sub
```

【实例 6.11】　图片框示例。在窗体上添加一个图片框 Picture1 和 3 个命令按钮 Command1、Command2 和 Command3,标题分别为"加载图片"、"显示全部"和"清除图片"。

程序运行后,单击"加载图片"按钮,可以在图片框中加载一幅图片;单击"显示全部"按钮,可以显示完整的图片;单击"清除图片"按钮,可以将图片框清空。程序运行的界面如图 6-21 所示。

图 6-21　实例 6.11 的程序运行界面

操作步骤如下。

(1) 创建一个新的工程,窗体使用默认名称 Form1。

(2) 按表 6-10 内容添加控件对象并设置属性。

表 6-10　实例 6.11 窗体中各对象属性的设置

对象名称(Name)	属 性 名 称	属 性 值
Picture1	Autosize	False
Command1	Caption	加载图片
Command2	Caption	显示全部
Command3	Caption	清除图片

(3) 编写事件过程代码,程序代码如下:

```
Private Sub Command1_Click()
    Picture1.Picture = LoadPicture("c:\素材\house.jpg")
End Sub
Private Sub Command2_Click()
    Picture1.AutoSize = True
End Sub
Private Sub Command3_Click()
    Picture1.Picture = LoadPicture()
End Sub
```

【实例 6.12】　利用计时器控件制作一个数码日历。在窗体上添加 2 个标签 Label1 和 Label2,再添加 1 个计时器 Timer1。设置相应属性并编写适当的程序。程序运行时,在 Label1 中显示当前的日期,在 Label2 中显示星期几和系统时间,并每秒钟更新 1 次。程序运行界面如图 6-22 所示。

操作步骤如下。

(1) 创建一个新的工程,窗体使用默认名称 Form1。

(2) 按表 6-11 内容添加控件对象并设置属性。

图 6-22　实例 6.12 的程序运行界面

表 6-11　实例 6.12 窗体中各对象属性的设置

对象名称（Name）	属 性 名 称	属 性 值
Form1	Caption	数码日历
Label1	Caption	
Label2	Caption	
Timer1	Interval	1000

（3）编写事件过程代码，程序代码如下：

```
Private Sub Timer1_Timer()
  Dim ch As String
  Label1.Caption = Year(Date) & "年" & Month(Date) & "月" &Day(Date) & "日"
  Select Case Weekday(Date)
  Case 1
    ch = "日"
  Case 2
    ch = "一"
  Case 3
    ch = "二"
  Case 4
    ch = "三"
  Case 5
    ch = "四"
  Case 6
    ch = "五"
  End Select
  Label2.Caption = "星期" & ch & Time
End Sub
```

【实例 6.13】　利用计时器控件制作一个倒计时控制器。在窗体上添加 4 个标签 Label1～Label4，1 个计时器 Timer1，3 个文本框 Text1～Text3，及 1 个命令按钮 Command1。程序的设计界面如图 6-23 所示。程序运行时，在 Text1 中输入倒计时的时间，单击"开始计时"按钮，开始计时，在 Text2、Text3 中分别显示剩余的分钟和秒数，当计时结束时，弹出提示信息对话框。程序运行界面如图 6-24 所示。

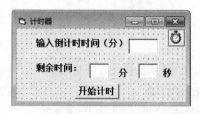

图 6-23　实例 6.13 的程序设计界面

79

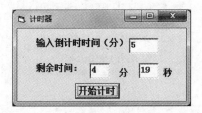

图 6-24　实例 6.13 的程序运行界面

操作步骤如下。

(1) 创建一个新的工程,窗体使用默认名称 Form1。

(2) 按表 6-12 内容添加控件对象并设置属性。

表 6-12　实例 6.13 窗体中各对象属性的设置

对象名称(Name)	属 性 名 称	属 性 值
Form1	Caption	计时器
Label1	Caption	输入倒计时时间(分)
Label2	Caption	剩余时间:
Label3	Caption	分
Label4	Caption	秒
Timer1	Interval	1000
Command1	Caption	开始计时

(3) 编写事件过程代码,程序代码如下:

```
Public s As Integer                      '窗体通用声明
Private Sub Command1_Click()
  Timer1.Enabled = True
  s = Val(Text1.Text) * 60               '计算倒计时时间的总秒数
End Sub
Private Sub Form_Load()
  Timer1.Enabled = False
  Timer1.Interval = 1000
End Sub
Private Sub Timer1_Timer()
  s = s - 1
  Text2.Text = s \ 60                    '求剩余分钟数
  Text3.Text = s Mod 60                  '求剩余秒数
  If s <= 0 Then
    MsgBox ("时间到!")
  End If
End Sub
```

【实例 6.14】　在窗体上添加如下的控件:时钟控件 Timer1;两个命令按钮 Command1、Command2,标题分别为"闪烁"、"停止";六个标签控件 Label1～Label6,控件的字体为宋体、加粗、小初号。其中 Label1～Label3 标题分别为"红"、"绿"、"蓝",文字颜色为黑色;Label4 标题为"红",文字颜色为红色;Label5 标题为"绿",文字颜色为绿色;Label6 标题为

"蓝",文字颜色为蓝色。Label1 和 Label4、Label2 和 Label5、Label3 和 Label6 完全重合,设计界面如图 6-25 所示。程序要求:窗体加载时,Label1～Label3 可见,Label4～Label6 不可见;Timer1 的时间间隔为 600 毫秒。单击"闪烁"按钮,文字开始出现闪烁效果;单击"停止"按钮,文字停止闪烁。程序运行界面如图 6-26 所示。

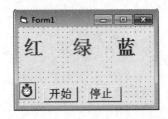

图 6-25　实例 6.14 的设计界面

图 6-26　实例 6.14 的程序运行界面

操作步骤如下。

(1) 创建一个新的工程,窗体使用默认名称 Form1。

(2) 按表 6-13 内容添加控件对象并设置属性。

表 6-13　实例 6.14 窗体中各对象属性的设置

对象名称(Name)	属性名称	属性值
Label1	Caption	红
Label2	Caption	绿
Label3	Caption	蓝
Label4	Caption	红
	ForeColor	&H000000FF&
Label5	Caption	绿
	ForeColor	&H0000FF00&
Label6	Caption	蓝
	ForeColor	&H00FF0000&
Command1	Caption	开始
Command2	Caption	停止

(3) 编写事件过程代码,程序代码如下:

```
Private Sub Form_Load()
    Label1.Visible = True
    Label2.Visible = True
```

81

```
    Label3.Visible = True
    Label4.Visible = False
    Label5.Visible = False
    Label6.Visible = False
    Timer1.Enabled = False
    Timer1.Interval = 600
End Sub
Private Sub Command1_Click()
    Timer1.Enabled = True
End Sub
Private Sub Command2_Click()
    Timer1.Enabled = False
End Sub
Private Sub Timer1_Timer()
    Label4.Visible = Not Label4.Visible
    Label5.Visible = Not Label5.Visible
    Label6.Visible = Not Label6.Visible
End Sub
```

【实例 6.15】 编程实现：在文本框 Text1 中按下哪个键就会在标签 Label1 上显示按键的内容。程序运行界面如图 6-27 所示。

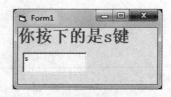

图 6-27　实例 6.15 的程序运行界面

操作步骤如下。

（1）创建一个新的工程，窗体使用默认名称 Form1。

（2）添加标签及文本框控件对象并设置其属性。

（3）编写事件过程代码，程序代码如下：

```
Private Sub Text1_KeyPress(KeyAscii As Integer)
    Cls
    Text1.Text = ""
    FontBold = True
    ForeColor = RGB(255, 0, 0)
    FontSize = 20
    Print "你按下的是" & Chr(KeyAscii) & "键"
End Sub
```

【实例 6.16】 编程实现：图片跟着鼠标指针移动。程序运行界面如图 6-28 所示。

操作步骤如下。

（1）创建一个新的工程，窗体使用默认名称 Form1。

（2）添加图像框控件，并设置其属性。

图 6-28　实例 6.16 的程序运行界面

（3）编写事件过程代码，程序代码如下：

```
Private Sub Form_Mousemove(Button As Integer, Shift As Integer, X As Single, Y As Single)
    Image1.Move X, Y
End Sub
```

四、实验题目

1. 利用计时器控件实现图像的自动放大。窗体上有 1 个图像框，放置在窗体的左上角，1 个计时器（时间间隔为 0.5 秒）和 2 个命令按钮，程序的设计界面如图 6-29 所示。窗体加载时，图像框的宽度和高度分别初始化为 1000 缇和 800 缇，图像框自动加载一幅图片，图片能够适应图像框的大小；单击“放大”按钮，图片的宽度和高度开始不断放大，每次放大为原来的 1.1 倍，当图片的宽度和高度中有一个达到或超过窗体的宽度和高度时，图片恢复到初始大小。单击“停止”按钮时，图片停止放大。程序的运行界面如图 6-30 所示。

2. 编写程序，单击“交换”按钮，交换两个图像框中的图片。

提示：图片交换需要引入第 3 个图像框，且运行时不可见。

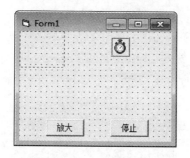

图 6-29　实验题目 1 的程序设计界面

图 6-30　实验题目 1 的程序运行界面

3. 编写一个字幕循环显示程序。程序运行时,字幕"预祝第十二届大学生运动会圆满成功!"从窗体右边缘出现,并开始向左移动,当字幕完全消失时,重新从右边缘出现。程序的运行界面如图 6-31 所示。

提示:

(1) 可用 Move 方法移动标签。

(2) 判断标签是否到达窗体左边缘:Label1. Left + Label1. Width <= 0。

(3) 标签的左边缘回到窗体的右边缘:Label1. Left = Form1. Width。

图 6-31　滚动字幕运行界面

4. 在窗体上添加如下的控件:图像框 Image1、标签控件 Label1、水平滚动条控件 Hscroll1。程序要求:窗体加载时,Label1 水平坐标为 0,标题内容为空,文字大小为"15",文字颜色为红色;Image1 水平坐标为 0,显示图片"c:\素材\Panda. jpg";Hscroll1 的滑块位置范围为 10~4000,最小变动值为 10,最大变动值为 100。程序运行时,窗口界面如图 6-32 所示。改变滚动条的滑块位置,使得 Image1 和 Label1 的水平坐标值与滑块当前位置值相同,同时 Label1 显示滑块当前位置所代表的值,窗口界面如图 6-33 所示。

图 6-32　实验题目 4 的窗体启动界面

图 6-33　实验题目 4 的程序运行界面

5. 编写程序,利用计时器和图片框,将一组系列图片做成循环播放的动画效果。

第7章　过　　程

实验13　Sub 过程与 Function 过程的定义与调用

一、实验目的

1. 熟练掌握 Sub 过程的定义和调用方法。
2. 熟练掌握 Function 过程的定义和调用方法。
3. 体会 Sub 过程和 Function 过程的区别。

二、预备知识

1. Sub 过程的定义

通用 Sub 过程又称子过程，创建 Sub 子过程有以下两种方法。

（1）利用"工具"菜单中的"添加过程"命令定义。

（2）在"代码窗口"直接定义，其格式如下：

```
[Static] [Private] [Public]Sub 子过程名[(参数列表)]
    局部变量或常数定义
    语句块
    [Exit Sub]                    过程体
    语句块
End Sub
```

2. Sub 过程的调用

子过程的调用是一个独立的调用语句，有以下两种格式：

```
Call 子过程名[(实参列表)]
```

或

```
子过程名 [实参列表]
```

前者用 Call 关键字时，若用实参，则实参必须用圆括号括起来，无实参圆括号可以省略；后者无 Call，而且也无圆括号。

3. Function 过程的定义

自定义函数过程有如下两种方法。

（1）利用"工具"菜单下的"添加过程"命令定义。

（2）在"代码窗口"直接定义，其格式如下：

[Static] [Public] [Private]Function 函数过程名([参数列表]) [As 类型]

  局部变量或常数定义

  语句块

  函数名 = 返回值

  [Exit Function]   }函数体

  语句块

  函数名 = 返回值

End Function

4. Function 过程的调用

函数过程的调用方式与系统内部函数的调用方式相同,其在表达式中出现的形式如下:

[变量名] = 函数过程名([实参列表])

5. 子过程与函数过程的区别

子过程与函数过程的区别及注意事项如下。

(1) 某种功能定义为函数过程还是子过程,没有严格的规定,但只要能用函数过程定义的,肯定能用子过程定义;反之不一定,也就是子过程比函数过程适用面广。当过程有一个返回值时,使用函数过程更直观;当过程有多个返回值时,使用子过程更方便。

(2) 函数过程有返回值,函数过程名也就有类型,同时在函数过程体内必须对函数过程名赋值。子过程名没有返回值,子过程名也就没有类型,因此,也不能在子过程体内对子过程名赋值。

(3) 形参个数的确定。形参是过程与主调程序交互的接口,因此,参数个数的确定要考虑需要从主调程序获得初值的个数及是否需要将计算结果返回给主调程序。

(4) 形参没有具体的值,只代表了参数的个数、位置、类型;不能是常量、数组元素、表达式。

三、实验内容

【实例 7.1】 编写并调用子过程 tx,在窗体上输出如图 7-1 所示的图形。

程序代码如下:

```
Private Sub tx()
  Dim i%
  For i = 1 To 5
    Print Tab(12); String(i, " * ")
  Next
End Sub
Private Sub Form_Click()
  Call tx
End Sub
```

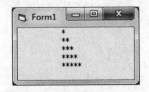

图 7-1　实例 7.1 输出的图形

【**实例 7.2**】 编写并调用求解一元二次方程根的子过程 root。

程序代码如下：

```
Private Sub root(x!, y!, z!)
  Dim d!, x1!, x2!
  d = y * y - 4 * x * z
  If d >= 0 Then
    x1 = (-y + Sqr(d)) / (2 * x)
    x2 = (-y - Sqr(d)) / (2 * x)
    Print "方程的实根: x1 = "; x1; "x2 = "; x2
  Else
    x1 = -y / (2 * x)
    x2 = Sqr(Abs(d)) / (2 * x)
    Print "方程的虚根: x1 = "; x1 & " + " & x2 & "i"
    Print "方程的虚根: x2 = "; x1 & " - " & x2 & "i"
  End If
End Sub
Private Sub Form_Click()
  Dim a!, b!, c!
  a = Val(InputBox("系数 a = "))
  b = Val(InputBox("系数 b = "))
  c = Val(InputBox("系数 c = "))
  Call root(a, b, c)
End Sub
```

【**实例 7.3**】 编写判断素数的子过程 prime，然后调用它查找 50～100 之间的所有素数。

程序代码如下：

```
Private Sub prime(n As Integer, f As Boolean)
  Dim i
  f = True
  For i = 2 To Sqr(n)
    If n Mod i = 0 Then
      f = False
      Exit For
    End If
  Next i
End Sub

Private Sub Form_Click()
  Dim i As Integer, flag As Boolean
  For i = 50 To 100
    Call prime(i, flag)
    If flag = True Then Print i
  Next i
End Sub
```

【**实例 7.4**】 编写求两个数最大值的函数过程 max，然后调用它求任意 3 个数的最大值。

程序代码如下：

```
Private Function max(x, y) As Single
  If x > y Then
    max = x
  Else
    max = y
  End If
End Function
Private Sub Command1_Click()
  Dim a As Single, b As Single, c As Single
  a = Val(Text1.Text)
  b = Val(Text2.Text)
  c = Val(Text3.Text)
  Text4.Text = max(max(a, b), c)
End Sub

Private Function jxmj(a, b)
  jxmj = a * b
End Function

Private Sub Command1_Click()
Dim n%, i%, l!, w!, s!
n = InputBox("n = ", "矩形数目")
For i = 1 To n
  l = InputBox("l = ", "long")
  w = InputBox("w = ", "width")
  s = s + jxmj(l, w)
Next
Text1.Text = s
End Sub
```

【实例 7.5】 编写一个求 $n!$ 的函数过程，并且调用该函数求 $1!＋2!＋3!＋\cdots＋9!＋10!$ 之和。

程序代码如下：

```
Private Function fac(n As Integer) As Long
  Dim jc As Long, i As Integer
  jc = 1
  For i = 1 To n
    jc = jc * i
  Next i
  fac = jc
End Function

Private Sub Form_Click()
  Dim i As Integer, s As Long
  s = 0
  For i = 1 To 10
    s = s + fac(i)
  Next i
```

```
    Print "1! + 2! + 3! + … + 10!= "; s
  End Sub
```

【实例 7.6】 分别编写求圆面积的子过程和函数过程,计算任意个圆面积的和。

程序代码如下:

```
Private Sub ymj(r!, s!)
  s = 3.14 * r * r
End Sub
Private Function fymj(r!) As Single
  fymj = 3.14 * r * r
End Function
Private Sub Command1_Click()
  Dim n%, i%, r!, s1!, s!
  n = InputBox("n = ", "圆形数目")
  s = 0
  For i = 1 To n
    r = InputBox("r = ", "半径")
    Print "第" & i & "个圆 r = "; r
    Call ymj(r, s1)
    s = s + s1
  Next
  Print n; "个圆面积的和为: "; s
End Sub

Private Sub Command2_Click()
  Dim n%, i%, r!, s!
  n = InputBox("n = ", "圆形数目")
  s = 0
  For i = 1 To n
    r = InputBox("r = ", "半径")
    Print "第" & i & "个圆 r = "; r
    s = s + fymj(r)
  Next
  Print n; "个圆面积的和为: "; s
End Sub
```

四、实验题目

1. 编写一个求 $n!$ 的子过程,并且调用该子过程求 $m!+n!-p!$。

2. 分别编写求矩形面积的子过程和函数过程,计算任意个矩形面积的和。

3. 编写并调用一个求两个数最小公倍数的函数过程。

4. 已知多边形的各条边及对角线的长度,计算多边形的面积。计算多边形面积,可将多边形分解成若干个三角形,如图 7-2 所示。

计算三角形面积的公式如下:

$$\text{area} = \sqrt{c(c-x)(c-y)(c-z)}$$

$$c = \frac{1}{2}(x+y+z)$$

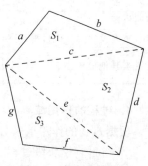

图 7-2 多边形的面积

实验 14　参数传递、变量与过程的作用域

一、实验目的

1. 灵活运用参数传递的两种方式。
2. 掌握过程的嵌套和递归调用。
3. 掌握变量的作用域和生存周期。
4. 掌握过程的作用域和生存周期。

二、预备知识

1. 参数传递

在调用过程时，主调（主）过程和被调（子）过程之间传递参数有两种方式：按地址（ByRef）传递和按值（ByVal）传递。按地址为默认的传递方式。

按地址传递的特点是：在子过程体中对形参的任何操作都变成了对相应实参的操作，实参的值就会随子过程体内形参的改变而发生变化；按值传递的特点是：在子过程体内对形参的任何操作都不会影响到实参的值。

2. 过程的嵌套和递归

在 Visual Basic 中，主程序可以调用子程序，在子程序中还可以调用另外的子程序，这种程序结构称为过程的嵌套。其中，有一种特殊的嵌套形式称为"递归"。递归分为两种类型：直接递归和间接递归。直接递归就是在过程中直接调用过程自身；间接递归是指在某个过程中调用了另一个过程，而被调用的过程反过来又调用本过程。

3. 变量的作用域

变量的作用域决定了哪些子过程和函数过程可访问该变量。根据变量的作用域，变量分为：局部变量、窗体/模块级变量和全局变量。三种变量作用范围及使用规则如表 7-1 所示。

表 7-1　三种变量作用范围及使用规则

作 用 范 围	局部变量	窗体/模块级变量	全局变量	
			窗　体	标准模块
声明方式	Dim、Static	Dim、Private	Public	
声明位置	在过程中	窗体/模块的"通用声明"段	窗体/模块的"通用声明"段	
能否被本模块的其他过程存取	不能	能	能	
能否被其他模块存取	不能	不能	能，但在变量名前加窗体名	能

4. 过程的作用域

根据过程的作用域来分，过程可分为窗体/模块级和全局级过程。

（1）窗体/模块级过程

窗体/模块级过程是指在某个窗体的"通用声明"段或标准模块内通过 Private 关键字定

义的过程。该过程只能被本窗体或本标准模块中的过程调用。

（2）全局级过程

全局级过程是指在窗体的"通用声明"段或标准模块中通过 Public 关键字定义的过程或者缺省类型关键字的过程。全局过程可供该应用程序的所有窗体和所有标准模块中的过程调用。

5. 变量的生存周期

变量的生存周期是指一个变量从系统给变量分配内存空间到释放内存空间的过程。根据变量生命周期的不同,可以把变量分为动态变量和静态变量。

三、实验内容

【实例 7.7】　分别采用两种不同的参数传递方式编写并调用交换两个数值的过程,仔细体会两种参数传递方式的特点。

程序代码如下:

```
Public Sub swap1(ByVal x As Integer, ByVal y As Integer)
    Dim t As Integer
    Print "swap1 执行交换前: ", "x = "; x; "y = "; y
    t = x: x = y: y = t
    Print "swap1 执行交换后: ", "x = "; x; "y = "; y
End Sub


Public Sub swap2(x As Integer, y As Integer)
    Dim t As Integer
    Print "swap2 执行交换前: ", "x = "; x; "y = "; y
    t = x: x = y: y = t
    Print "swap2 执行交换后: ", "x = "; x; "y = "; y
End Sub


Private Sub Form_Click()
    Dim a As Integer, b As Integer
    a = 5: b = 8
    Print "调用 swap1 前: ", "a = "; a; "b = "; b
    swap1 a, b
    Print "调用 swap1 后: ", "a = "; a; "b = "; b
    Print
    Print
    a = 5: b = 8
    Print "调用 swap2 前: ", "a = "; a; "b = "; b
    swap2 a, b
    Print "调用 swap2 后: ", "a = "; a; "b = "; b
End Sub
```

程序的运行结果如图 7-3 所示。

分析:

（1）实参 a、b 的值在调用子过程 swap1 时按值传递给了形参 x、y,在 swap1 执行过程

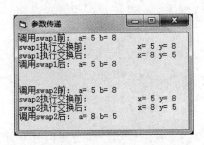

图 7-3　实例 7.7 的程序运行结果

中,虽然交换了 x 和 y 的值,然而交换后的结果却没有在 swap1 执行结束后带回给调用过程,因此,swap1 并没有真正实现实参 a 和 b 的交换。

(2) 实参 a、b 的值在调用子过程 swap2 时按地址传递给了形参 x、y,在 swap2 执行过程中,也交换了 x 和 y 的值,同时交换后的结果在 swap2 执行结束后也能够带回给调用过程,因此,swap2 真正实现了实参 a 和 b 的交换。

【实例 7.8】　分析下面两个程序的运行结果是否相同?为什么?

程序 1:

```
Private Function tx(n)
  Dim i%
  tx = 1
  Do While n >= 1
    tx = tx * n
    n = n - 1
  Loop
End Function


Private Sub Command1_Click()
  Dim t&, i%
  For i = 5 To 1 Step -1
    t = t + tx(i)
  Next
  Print t
End Sub
```

程序 2:

```
Private Function tx(ByVal n)
  Dim i%
  tx = 1
  Do While n >= 1
    tx = tx * n
    n = n - 1
  Loop
End Function

Private Sub Command1_Click()
  Dim t&, i%
  For i = 5 To 1 Step -1
```

```
    t = t + tx(i)
  Next
  Print t
End Sub
```

【**实例 7.9**】 阅读下面的程序,体会不同作用域变量的定义与引用方法。

在 Form1 窗体中输入如下代码。

```
Private y%                              '定义窗体/模块级变量
Private Sub Form_Click()
  Dim x%, s%                           '定义局部变量
  x = 3
  s = x + y + Form2.z                  '输出各级变量
  Print "局部变量: x = "; x
  Print "模块级变量: y = "; y
  Print "全局变量: Form2.z = "; Form2.z
  Print "x + y + Form2.z = "; s
End Sub
Private Sub Form_Load()
  y = 6                                '给窗体级变量赋值
  Form2.Show
End Sub
```

添加 Form2 窗体,输入如下代码。

```
Public z                                '定义全局变量
Private Sub Form_Load()
  z = 9
End Sub
```

运行程序,单击窗体,运行结果如图 7-4 所示。

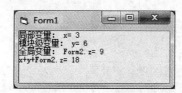

图 7-4 实例 7.9 的程序运行结果

【**实例 7.10**】 运行下面程序,单击 5 次命令按钮,查看运行结果,并体会变量的不同生存周期。

```
Public a%
Private b%
Private Sub Command1_Click()
  Dim c%
  Static d%
  a = a + 1
  b = b + 1
  c = c + 1
  d = d + 1
```

```
Print Spc(2); a; Spc(2); b; Spc(2); c; Spc(2); d
End Sub
```

【实例 7.11】 采用递归调用方法求斐波那契数列的第 n 项。斐波那契数列的递归公式如下。

$$F_n = \begin{cases} 1 & (n=1,2) \\ F_{n-1} + F_{n-2} & (n>2) \end{cases}$$

在此递归算法中,递归终止条件是 $n=1$ 或 $n=2$。

程序代码如下:

```
Private Sub Form_Click()
  Dim n As Integer, fn As Long
  n = Val(InputBox("请输入一个整数: "))
  fn = Fib(n)
  Print "斐波那契数列的第"; n; "个数为"; fn
End Sub
Private Function Fib(k As Integer) As Double
  If k = 1 Or k = 2 Then
    Fib = 1                              'k = 1 或 k = 2 时,结束递归
  Else
    Fib = Fib(k - 1) + Fib(k - 2)        '递归调用
  End If
End Function
```

【实例 7.12】 定义 1 个包含 10 个元素的一维数组,编写 3 个过程。子过程 1:用随机函数给数组中的所有元素赋值;函数过程 2:求出所有数组元素的平均值;子过程 3:求出数组中高于平均值的元素。在主调程序中分别调用 3 个过程,程序运行结果如图 7-5 所示。

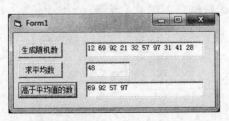

图 7-5 实例 7.12 的程序运行结果

程序代码如下:

```
Dim a%(1 To 10), i%, j%      '声明窗体级数组变量和循环变量
Dim l%, u%                    '声明窗体级变量 l 和 u 分别保存数组 a 下标的下界和上界
Rem 子过程 1
Public Sub sz(a() As Integer)
  Randomize
  l = LBound(a())             '用 l 保存数组 a 下标的下界
  u = UBound(a())             '用 u 保存数组 a 下标的上界
  For i = 1 To 10
    a(i) = Int(Rnd * 90) + 10 '随机产生两位整数为数组元素赋值
  Next i
```

```
End Sub
Rem 函数过程 2
Public Function pjz(a() As Integer)
  Dim sum As Integer
  sum = 0
  For i = 1 To u
    sum = sum + a(i)
  Next i
  pjz = sum / (u - 1 + 1)
End Function
Rem 子过程 3
Public Sub dypjz(a() As Integer, b() As Integer, k As Integer)
  aver = pjz(a())
  k = 0                        'k 用来累计数组 x 中大于平均值的元素个数
  For i = 1 To u
    If a(i) > aver Then
      k = k + 1
      b(k) = a(i)              '将当前大于平均值的数组元素保存到 b 数组中
    End If
  Next i
End Sub
Rem 生成随机数
Private Sub Command1_Click()
  Call sz(a())
  For i = 1 To 10
    Text1.Text = Text1.Text & a(i) & " "
  Next i
End Sub
Rem 求平均数
Private Sub Command2_Click()
  Text2.Text = pjz(a())
End Sub
Rem 求高于平均值的数
Private Sub Command3_Click()
  Dim b(1 To 10) As Integer, n As Integer
  Call dypjz(a(), b(), n)
  For i = 1 To n
    Text3.Text = Text3.Text & b(i) & " "
  Next i
End Sub
```

四、实验题目

1. 阅读下面程序，写出程序运行的结果。

```
Private Sub proc(a As Integer, ByVal b As Integer)
  a = a * a
  b = b + b
End Sub
Private Sub Command1_Click()
  Dim x%, y%
```

```
      x = 5
      y = 3
      Call proc(x, y)
      Label1.Caption = x
      Label2.Caption = y
End Sub
```

2. 阅读下面程序,写出程序运行的结果。

```
Function fun1(l As Label) As Integer
    l.Caption = "1234"
End Function
Private Sub Command1_Click()
    a = Val(Label2.Caption)
    Call fun1(Label1)
    Label2.Caption = a
End Sub
Private Sub Form_Load()
    Label1.Caption = "ABCDE"
    Label2.Caption = 10
End Sub
```

3. 分析并验证下面程序的运行结果。运行程序后,单击 5 次 Command1 按钮,然后单击 Command2 按钮。

```
Public a %
Private b %
Private Sub Command1_Click()
    Dim c %
    Static d %
    a = a + 1
    b = b + 1
    c = c + 1
    d = d + 1
    Print a,b,c,d
End Sub

Private Sub Command2_Click()
    Print a,b,c,d
End Sub
```

4. 编写 $fac(n)=n!$ 的递归函数,然后计算 $4!+7!+9!$。

$$fac(n) = \begin{cases} 1 & (n=1) \\ nfac(n-1) & (n>1) \end{cases}$$

5. 定义一个 4×4 的二维数组,编写 3 个子过程分别完成以下功能。子过程 1:随机产生 16 个两位整数给数组元素赋值;子过程 2:将二维数组中的元素以 4 行 4 列的矩阵形式输出;子过程 3:将矩阵中的第 1 列和第 3 列数据进行互换。在主调程序中分别调用 3 个子过程。

第8章 菜单、工具栏与对话框

实验 15 可视界面应用程序设计

一、实验目的

1. 掌握下拉式菜单和弹出式菜单的设计方法。
2. 掌握菜单事件过程的编写方法。
3. 了解对话框的类型和作用。
4. 掌握与通用对话框相关的属性、事件和方法。
5. 通过实验可使用通用对话框解决实际问题。
6. 掌握工具栏和状态栏的设计方法。

二、预备知识

1. 菜单编辑器

菜单编辑器是程序设计和管理菜单的图形化工具。它可以增加新的菜单、修改、重新排列现有的菜单和删除旧的菜单,以及给菜单添加访问键、选中标志或快捷键等。当把菜单添加到窗体上后,可以使用事件过程来处理菜单命令。

可以使用下面 4 种方法打开菜单编辑器。

(1) 单击"工具"菜单项,选择"菜单编辑器"命令,打开"菜单编辑器"窗口。

(2) 单击工具栏中的"菜单编辑器"按钮。

(3) 按 Ctrl+E 键。

(4) 在窗体空白处右击,选中弹出菜单中的"菜单编辑器"项。

2. 弹出式菜单

弹出式菜单是一种灵活的小型菜单,它可以在窗体的任意地方显示出来。

在 Visual Basic 中创建弹出式菜单的步骤如下。

(1) 在"菜单编辑器"中设计菜单外观。需要注意的是,弹出菜单必须把主菜单标题的 Visible 属性设置为 False,其余子菜单项的 Visible 属性设置为 True。

(2) 通过 PopupMenu 方法在需要时显示弹出式菜单。PopupMenu 方法的语法格式如下:

```
[对象. ]PopupMenu  菜单名  [,flags[,x[,y]]]
```

3. 通用对话框

通用对话框(CommonDialog)是一种 ActiveX 控件,在使用之前,首先应该将其添加到工具箱中。具体步骤如下。

(1) 在 Visual Basic 编程环境中,选择"工程(Project)"|"部件"命令;或在工具箱的空白处右击,然后从快捷菜单中选择"部件"选项,将弹出"部件"对话框。

(2) 选中"控件"列表中的 Microsoft Common Dialog Control 6.0 项。

(3) 单击"确定"按钮,则通用对话框控件将被添加到工具箱中,如图 8-1 所示。

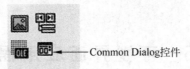
————Common Dialog控件

图 8-1　工具箱中的通用对话框控件

通用对话框控件提供了 6 种最常见的 Windows 对话框,对话框的类型可以通过 Action 属性设置也可以用其相应的方法设置。对话框类型与相应的属性和方法如表 8-1 所示。

表 8-1　对话框类型与相应的属性和方法

对话框类型	Action 属性值	方　　法
打开文件	1	ShowOpen
保存文件	2	ShowSave
颜色	3	ShowColor
字体	4	ShowFont
打印	5	ShowPrinter
帮助	6	ShowHelp

注意:Action 属性不能在属性面板中设置,只能在程序中赋值,用于打开相应的对话框。

4. 工具栏和状态栏

要创建工具栏通常包含以下步骤。

(1) 加载 ActiveX 控件——ToolBar 控件和 ImageList 控件:选择 Visual Basic 集成开发环境中的"工程"|"部件"命令,打开"部件"对话框。在"控件"选项卡中选择 Microsoft Windows Common Controls 6.0 复选框,单击"确定"按钮返回。

(2) 将 ImageList 控件放置在窗体中,选择 ImageList 控件的"自定义"属性,打开"属性页"对话框;在"图像"页中插入工具栏按钮所需的图像。

(3) 将 ToolBar 控件放置在窗体上,设置其 Align 属性。选择 ToolBar 控件的"自定义"属性,打开"属性页"对话框;在"通用"页的"图像列表"框中选择步骤(2)所建立的图像列表。即将 ToolBar 控件与 ImageList 控件相关联,创建 Button 对象。

(4) 编写 Button 的 Click 事件过程。

创建状态栏的一般步骤如下。

(1) 在窗体上添加 StatusBar 控件后,右击 StatusBar 控件,执行"属性"命令,打开"属性页"对话框。

（2）在"属性页"对话框中，选择"窗格"选项卡，单击"插入窗格"按钮，进行所需的设计。

三、实验内容

【**实例 8.1**】 设计下拉菜单。各菜单项如图 8-2 和图 8-3 所示。程序运行时，单击某个菜单项后，用消息框显示相应的菜单项功能。如果单击"格式"菜单，则显示如图 8-4 所示的消息框。

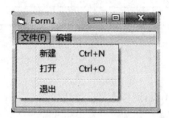

图 8-2   "文件"菜单

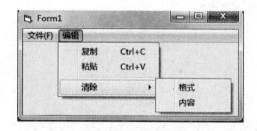

图 8-3   "编辑"菜单

图 8-4   单击"格式"菜单项后显示的消息框

（1）在菜单编辑器窗口中设计各菜单项如表 8-2 所示。

表 8-2   各菜单项属性设置

标　题	名　称	快捷键	说　明
文件(&F)	File		主菜单项 1
新建	New	Ctrl＋N	子菜单 11
打开	Open	Ctrl＋O	子菜单 12
—	Fg1		分割线
退出	Exit		子菜单 13

标　题	名　称	快捷键	说　明
编辑	Edit		主菜单项 2
复制	Copy	Ctrl＋C	子菜单 21
粘贴	Vis	Ctrl＋V	子菜单 22
—	Fg2		分割线
清除	Clean		子菜单 23
格式	Fmt		子子菜单 231
内容	Cont		子子菜单 232

（2）编写程序代码如下：

```
Private Sub Cont_Click()
   MsgBox "清除内容!",,"菜单设计"
End Sub

Private Sub Copy_Click()
   MsgBox "复制!",,"菜单设计"
End Sub

Private Sub Exit_Click()
   End
End Sub

Private Sub Fmt_Click()
   MsgBox "清除格式!",,"菜单设计"
End Sub

Private Sub New_Click()
   MsgBox "新建文件!",,"菜单设计"
End Sub

Private Sub Open_Click()
   MsgBox "打开文件!",,"菜单设计"
End Sub

Private Sub Vis_Click()
   MsgBox "粘贴!",,"菜单设计"
End Sub
```

【实例 8.2】　设计弹出式菜单。在窗体上放置一文本框，文本框内容为"弹出式菜单设计"，字体为"黑体"，字号为 28。为文本框设计一个弹出式菜单，包含有"红色"、"黄色"、"蓝色"和"绿色"4 个菜单项，程序运行时，选择相应的菜单项可以改变文本框中文本的颜色，如图 8-5 所示。

操作步骤如下。

（1）在窗体上添加文本框控件，设置其相应属性。打开"菜单编辑器"，添加一个标题为

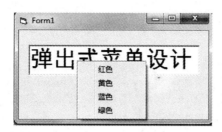

图 8-5 实例 8.2 的运行结果

"颜色",名称为"Color"的主菜单。再添加"红色"(Red)、"黄色"(Yellow)、"蓝色"(Blue)和
"绿色"(Green)4 个子菜单项。

注意：一定要将"颜色"主菜单的 Visible 属性设置为 False(将"可见"前面的"√"去掉，
使其不可见)，如图 8-6 所示。

图 8-6 设计弹出式菜单

(2) 编写程序代码如下：

```
Private Sub Text1_MouseDown(Button As Integer, Shift As Integer, X As Single, Y As Single)
                          '文本框中鼠标按下事件
   If Button = 2 Then     '如果单击了右键
      PopupMenu Color      '弹出颜色菜单
   End If
End Sub

Private Sub Red_Click()
   Text1.ForeColor = vbRed
End Sub

Private Sub Yellow_Click()
   Text1.ForeColor = vbYellow
End Sub

Private Sub Blue_Click()
```

```
    Text1.ForeColor = vbBlue
End Sub

Private Sub Green_Click()
    Text1.ForeColor = vbGreen
End Sub
```

【实例 8.3】 工具栏和对话框综合例。

（1）在窗体上添加一个名为 pic 的 PictureBox 控件；在标准工具箱中添加 ActiveX 控件 Microsoft Windows Common Controls 6.0 和 Microsoft Common Dialog Control 6.0，在窗体上添加一个工具栏（Toolbar）控件 Toolbar1，一个图像列表框控件 ImageList1，一个通用对话框控件 CommonDialog1，如图 8-7 所示。

图 8-7　实例 8.3 的窗体

（2）右击 ImageList1 控件，选择快捷菜单中的"属性"命令打开"属性页"对话框，在"图像"选项卡中添加若干图片，如图 8-8 所示。

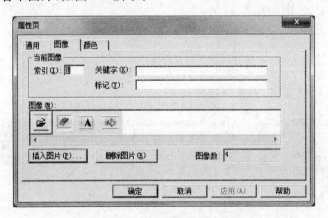

图 8-8　ImageList1 属性页对话框

右击 Toolbar1 控件，选择快捷菜单中的"属性"命令打开"属性页"对话框，设置"通用"选项卡中的图像列表为 ImageList1，在按钮选项卡中插入四个按钮，工具提示文本分别为"打开图像文件"、"清除图像"、"前景色"和"背景色"，并分别关联图像 1～4，如图 8-9 所示。

（3）编写工具栏的按钮单击事件代码如下：

```
Private Sub Toolbar1_ButtonClick(ByVal Button As MSComctlLib.Button)
    Select Case Button.Index
```

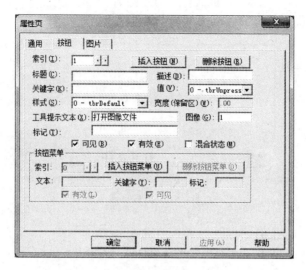

图 8-9　Toolbar1 属性页对话框

```
Case 1
    CommonDialog1.Action = 1
    Pic.Picture = LoadPicture(CommonDialog1.FileName)
Case 2
    Pic.Picture = LoadPicture("")
Case 3
    CommonDialog1.Action = 3
    Pic.ForeColor = CommonDialog1.Color
    Pic.Cls
    Pic.Print "综合例"
Case 4
    CommonDialog1.Action = 3
    Pic.BackColor = CommonDialog1.Color
    Pic.Cls
    Pic.Print "综合例"
End Select
End Sub
```

四、实验题目

1. 用通用对话框打开一个纯文本文件，把文本内容显示在文本框中，界面如图 8-10 所示。

部分关键程序代码如下：

```
'设置过滤器,只显示文本文件
CommonDialog1.Filter = "文本文件(.TXT)|*.txt|Word文档(.RTF)|*.rtf"
CommonDialog1.Action = 1                    '显示"打开"对话框
If CommonDialog1.FileName <> "" Then
    Text1.Text = ""
    Open CommonDialog1.FileName For Input As #1   '打开文件,做读操作
    Do While Not EOF(1)
```

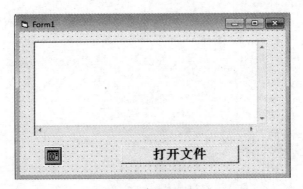

图 8-10   用户界面

```
    Input #1, alltext
    Text1.Text = Text1.Text & alltext & Chr(13) & Chr(10)
Loop
End If
```

2. 设计一个程序,当用户在窗体上右击时,弹出一个快捷菜单,包括"北京"、"南京"、"西安"和"昆明"4 个菜单项。当选择某个菜单项时,文本框中显示该城市的名字。

3. 通用对话框的综合应用。

(1) 创建程序界面如图 8-11 所示。

(2) 编写命令按钮 Command1()的 Click()事件代码。

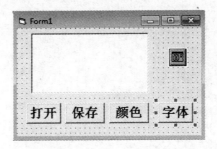

图 8-11   实验题目 3 的程序界面

提示：四个按钮的标题分别是"打开"、"保存"、"颜色"和"字体",它们是一个控件数组 Command1(),单击某个按钮时,打开相应的对话框,并用"颜色"和"字体"对话框对文本框中的文字进行设置。

第 9 章 文 件

实验 16 文件处理

一、实验目的

1. 进一步掌握文件的概念,了解数据在文件中的存储方式。

2. 掌握顺序文件的读写方法。

3. 掌握随机文件的读写方法。

4. 掌握文件系统控件(驱动器列表框、目录列表框、文件列表框)的常用属性、事件和基本方法。

二、预备知识

1. 文件的打开和关闭

在 Visual Basic 6.0 中,要使用一个文件必须先用 Open 语句打开该文件。打开文件时,Visual Basic 6.0 为该文件指定一个文件号,程序中就用这个文件号来访问该文件。在文件操作结束后,要用 Close 语句关闭文件,释放文件的文件号。

(1) Open 语句

格式:

Open <文件名> [For <模式>] [Access <存取类型>] [<锁定>] As [♯]<文件号>　[Len = <记录长度>]

(2) Close 语句

格式:

Close [[♯]<文件号 1 >] [, [♯]<文件号 2 >] … [, [♯]<文件号 *n* >]

2. 对顺序文件进行读操作

(1) Input 语句

格式:

Input　♯文件号,变量列表

功能:从打开的文件中顺序读取<变量列表>中各变量所需的数据字符串。

(2) Line 语句

格式:

Line Input ♯文件号,字符串变量

功能：从文件中读取一行信息，它不以逗号作为分界符，而以回车换行符作为分界符。

（3）Input $ 语句

格式：

Input $ (<读取的字符长度>,<♯文件号>)

功能：从顺序文件中读取指定长度的字符串，其长度可以小到 1 个字符，大到整个文件的长度（可通过 Lof 函数得到）。

3. 对顺序文件进行写操作

写文件的输出命令有如下两种。

Print ♯文件号,[表达式列表]

Write ♯文件号,[表达式列表]

4. 读取随机文件中的记录

从随机文件读取数据用 Get 语句。

格式：

Get [♯]<文件号>,[记录号],<记录变量名>

功能：文件中将一条由记录号指定的记录内容读入记录变量中。

5. 向随机文件写入新纪录

向随机文件写入数据用 Put 语句。

格式：

Put [♯]<文件号>,[记录号],<记录变量>

功能：将一个记录变量的内容写入所打开文件中指定的记录位置处。

6. 文件系统控件

文件管理控件包括驱动器列表框（DriveListBox）控件、目录列表框（DirListBox）控件和文件列表框（FileListBox）控件。

驱动器列表框（DriveListBox）控件用于显示用户系统中所有有效磁盘驱动器的列表。驱动器列表框的特有属性是 Drive 属性，用来设置或返回所选择的驱动器名。每次重新设置驱动器列表框的 Drive 属性时，都将触发其 Change 事件。

目录列表框（DirListBox）控件用来显示当前驱动器目录的层次结构，供用户选择其中一个目录作为当前目录。其 Path 属性用来设置或返回当前目录的路径。Path 属性值的改变将触发其 Change 事件。

文件列表框（FileListBox）控件用来显示当前目录下的文件列表。文件列表框除了 Path 属性外，还有 FileName 属性和 Pattern 属性，分别用于设置或返回文件列表框中被选中的文件。

三、实验内容

【实例 9.1】 将指定的文本文件内容显示到窗体上的文本框中。程序界面如图 9-1 所示。

程序运行后，单击"打开文件"按钮，弹出一个"打开"对话框，在该对话框中选择一个文本文件后，则文本文件的内容显示到文本框中。

图 9-1 实例 9.1 的程序界面

程序设计步骤如下。

(1) 布置窗体。在窗体上添加一个文本框(Text1)控件,一个按钮(Command1)控件和一个通用对话框(CommonDialog1)控件。

(2) 按照图 9-1 设置各控件的属性。

(3) 编写程序代码如下:

```
Private Sub Command1_Click()
CommonDialog1.Filter = "文本文件(.TXT)| * .txt" '设置"打开"对话框过滤器
CommonDialog1.Action = 1                      '弹出"打开"对话框
If CommonDialog1.FileName <> "" Then
    Text1.Text = ""
    Open CommonDialog1.FileName For Input As #1 '打开选择的文件
    Do While Not EOF(1)
        Input #1, alltext                      '读取打开文件的一行内容
        Text1.Text = Text1.Text & alltext & Chr(13) & Chr(10)
    Loop
End If
End Sub
```

【实例 9.2】 通过键盘输入数据,将包括学号、姓名、性别、语文、数学、英语等学生信息写入到一个顺序文件(d:\stu.dat)中。

(1) 设计程序界面及设置相关属性,如图 9-2 所示。

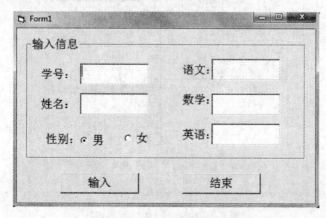

图 9-2 实例 9.2 的程序界面

（2）编写程序代码如下：

```
Private Sub Form_Load()                        '因文件不能重复打开,故在窗体的 Load 事件中打开
   Open "d:\stu.dat" For Append As #1
                                               '打开顺序文件 d:\stu.dat,若该文件不存在,则先创建该文件
End Sub

Private Sub Command1_Click()
   Dim xh As String, xm As String, xb As String
   Dim yw As Integer, sx As Integer, yy As Integer
   xh = Text1.Text
   xm = Text2.Text
   xb = IIf(Option1.Value, "男", "女")
   yw = Val(Text3.Text)
   sx = Val(Text4.Text)
   yy = Val(Text5.Text)
   Write #1, xh, xm, xb, yw, sx, yy          '将输入的信息写入文件
   Text1.Text = ""
   Text2.Text = ""
   Text3.Text = ""
   Text4.Text = ""
   Text5.Text = ""
   Text1.SetFocus
End Sub

Private Sub Command2_Click()
   Close #1                                   '关闭文件
   End
End Sub
```

（3）运行程序,在文本框中输入各项信息后,单击"输入"按钮将信息写入 d:\stu.dat 文件,并清除文本框中的内容,继续输入。单击"结束"按钮,关闭文件,结束程序运行。

【实例 9.3】 文件系统控件。使驱动器列表框、目录列表框和文件列表框控件联动,并且当在文件列表框中单击某个文件时,在标签中显示该文件的路径及文件名。程序运行结果如图 9-3 所示。

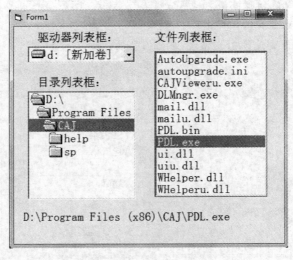

图 9-3　实例 9.3 的运行界面

程序设计步骤如下。

（1）布置窗体。在窗体上放置驱动器列表框（Drive1）、目录列表框（Dir1）、文件列表框
（File1）和 4 个标签控件（Label1～Label4）。其中，Label4 的 Caption 属性值为空。

（2）编写程序代码如下：

```
Private Sub Dir1_Change()
    File1.Path = Dir1.Path
End Sub


Private Sub Drive1_Change()
    Dir1.Path = Drive1.Drive
End Sub


Private Sub File1_Click()
    Label4.Caption = File1.Path & "\" & File1.FileName
End Sub
```

【实例 9.4】　创建一个简单的文本编辑器，完成如下功能：①可以通过"文件系统控件"
选择文件的路径，也可以通过文本框输入文件的路径；②可以读取所选择的文件，也可以将
文本框中编辑的文件保存到磁盘上。

程序设计步骤如下。

（1）布置窗体及设置属性：先在窗体上放置 4 个框架 Frame1～Frame4，标题分别是
"目录"、"文件"、"文件类型"和"文件路径"。Frame1 中放置一个驱动器列表框 Drive1 和一
个目录列表框 Dir1，Frame2 中放置一个文件列表框 File1，Frame3 中放置一个组合框
Combo1，Frame4 中放置一个文本框 Text2。再在右侧放置一个文本框 Text1，设置其
Multiline 属性为 True，Scrollbars 属性为 3。下面放置一个命令按钮数组 Command1(0)和
Command1(1)，其标题分别为"读取"和"保存"，如图 9-4 所示。

（2）编写程序代码如下：

```
Private Sub Form_Load()
    Combo1.AddItem "*.txt"
    Combo1.AddItem "*.dat"
    File1.Pattern = "*.txt"
End Sub


Private Sub Drive1_Change()
    Dir1.Path = Drive1.Drive
End Sub


Private Sub Dir1_Change()
    File1.Path = Dir1.Path
    Text2.Text = Dir1.Path
End Sub


Private Sub File1_Click()
    Text2.Text = File1.Path & "\" & File1.FileName
End Sub
```

109

```
Private Sub Combo1_Click()
   File1.Pattern = Combo1.List(Combo1.ListIndex)
End Sub

Private Sub Command1_Click(Index As Integer)
Select Case Index
   Case 0        '单击"读取"按钮时,将选择的文件的内容显示到 Text1 中
       If Text2.Text <> "" Then
          Text1.Text = ""
          Open Text2.Text For Input As #1
          b = ""
          Do Until EOF(1)
             Line Input #1, nextline
             b = b & nextline & Chr(13) & Chr(10)
          Loop
          Close #1
          Text1.Text = b
        End If
   Case 1    '单击"保存"按钮时,将 Text1 中的内容写入到 Text2 中指定的文件里
       If Text2.Text <> "" Then
          Open Text2.Text For Output As #1
          Print #1, Text1.Text
          Close #1
       End If
End Select
End Sub
```

程序运行结果如图 9-4 所示。

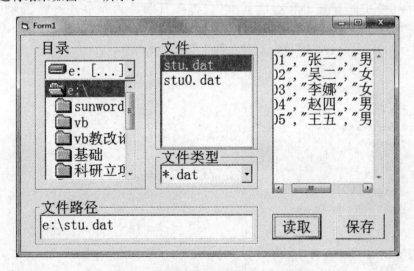

图 9-4   简单的文本编辑器的运行界面

四、实验题目

1. 设计一个如图 9-5 所示的文件系统。要求：①组合框包含"所有文件(＊.＊)"、"TXT 文件(＊.txt)"和"BMP 文件(＊.bmp)"3 个项目,并决定文件列表框中显示的文件

类型。②单击文件列表框中某个文件时,在文本框 Text1 中显示相应的路径和文件名。③单击"打开"按钮,调用相应的应用程序(如记事本或画图)打开文件。如果选定的文件不是 TXT 或 BMP 文件,则显示消息框"文件选择有误,请重新选择!"。

图 9-5　实验题目 1 的程序界面

2. 将实例 9.2 中的学生信息写入到一个随机文件(d:\stu0.dat)中,程序运行界面同图 9-2 类似。

提示:

(1) 由于要写入随机文件,应先在通用声明段中定义一个记录类型 xx,其包含以下 6 个字段。

```
Private Type xx
    xh As String * 10
    xm As String * 8
    xb As String * 2
    yw As Single
    sx As Single
    yy As Single
End Type
```

(2) 定义一个记录变量 st。

```
Private st As xx
```

(3) 在窗体的 Load 事件中打开随机文件 d:\stu0.dat,由于定义了记录变量,可以用 Len(st)测出每个记录的长度。

```
Open "d:\stu0.dat" For Random As #1 Len = Len(st)
```

3. 从 d:\stu.dat 中读入全部学生信息,将其中需要补考的学生数据存入一个新文件(d:\stu1.dat)中。

提示:以 Input 方式打开顺序文件 d:\stu.dat,用 Input 语句将数据内容读入到记录数组中。然后选出需要补考的学生数据,写入新文件 d:\stu1.dat 中。

111

第 10 章　Visual Basic 数据库编程

实验 17　Visual Basic 数据库开发

一、实验目的

1. 理解数据库的相关概念,并能够利用数据管理器创建数据库和数据表。
2. 掌握利用可视化数据管理器查询数据库的方法。
3. 掌握利用 ADO 对象模型和 ADO Data 控件访问数据库的方法。
4. 初步了解数据库应用程序的设计方法

二、预备知识

1. 关系数据库的相关概念

(1) 数据表

数据表是一组相关联的数据按行排列形成的二维表格,简称为表。每张表都有一个表名,一个数据库可以包含一张或多张表。

(2) 记录(行)

每张数据表均由若干行和列构成,其中每一行称为一条记录(Record),记录是一组数据项(字段值)的集合。

(3) 字段(列)

数据表中的每一列称为一个字段(Field)。数据表的结构就是由其包含的若干个字段定义的,每个字段描述了表的一种数据特性。每一列均有一个名字,称为字段名,各字段名互不相同。

(4) 主键

数据表中的某一字段或若干字段的组合如果能够唯一标识一条记录,则称该字段或字段的组合为该数据表的键,在诸多键中可定义其中一个为该数据表的主键(Primary Key)。

2. ADO 对象模型

ADO 对象模型规定了一组可编程的分层对象集合,在 Visual Basic 应用程序中通过创建这组对象集合来连接数据库并实行对数据库的各种操作。ADO 对象模型主要由 Connection、Command、Parameter、Recordset、Field、Property 和 Error 共 7 个对象组成。在此仅介绍以下 3 个常用对象。

(1) Connection 对象:用于建立与数据源的连接,执行查询以及进行事务处理。

（2）Command 对象：用来执行 SQL 命令、查询和存储过程。一般用于大量的数据操作或者是对数据库表结构的操作。

（3）Recordset 对象：Recordset 对象只代表一个记录集，这个记录集是一个连接的数据库中的表，或者是 Command 对象的执行结果返回的记录集。

3. 使用 ADO 对象编程的步骤

使用 ADO 对象进行数据库编程通常需要以下几个步骤。

（1）建立应用程序与数据源的连接。

① 创建 Connection 对象并将其实例化。

② 打开连接。

ADO 打开连接的主要方法是使用 Connection. Open 方法，其语法格式如下：

```
Connection.Open ConnectString, UserID, Password, OpenOptions
```

其中，ConnectionString 参数为连接信息，UserID 参数为连接时所使用的用户名，Password 参数为口令，OpenOptions 参数为连接选项。

（2）创建查询命令。查询命令要求数据源返回含有所要求信息行的 Recordset 对象。命令通常使用 SQL 编写。

（3）执行查询命令并返回记录集。返回 Recordset 记录集的方法有以下 3 种。

① Connection. Execute：在此方法中，字符串就是命令。

② Command. Execute：在此方法中，命令不可见，它在 Command. CommandText 属性中指定。

③ Recordset. Open：在此方法中，命令是 Source 参数，它可以是字符串或 Command 对象。

（4）操作记录集。Recordset 对象的方法和属性可用于对 Recordset 记录集数据进行检查、定位和操作。

（5）更新数据源。根据应用程序的需要，可以将缓冲区中被修改的数据发送回数据源，实现数据源的更新。

4. 使用 ADO Data 控件编程

在 Visual Basic 应用程序中，尽管可以直接使用 ADO 对象来编程，但使用如图 10-1 所示的 ADO Data 控件却更加方便，它不仅具有图形控件的优势（具有"向前"和"向后"按钮），而且可以用最少的代码创建数据库应用程序。

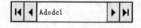

图 10-1　ADO Data 控件

ADO Data 控件属于 ActiveX 控件，当工程中需要使用 ADO Data 控件时，需要事先将它引入到 Visual Basic 工程中。具体步骤如下。

（1）选择"工程"|"部件"菜单命令，弹出"部件"对话框。

（2）在"部件"对话框中的"控件"选项卡的列表框中，选择 Microsoft ADO Data Control 6.0（OLEDB）复选框。

（3）单击"确定"按钮，ADO Data 控件的图标便出现在工具箱中。

三、实验内容

【实例 10.1】 利用 Visual Basic 的可视化数据管理器创建一个学生管理数据库
Student.mdb 和学生基本信息表 XS，其表结构如表 10-1 所示。

表 10-1 XS 表结构

字 段 名	数据类型	说 明
学号	Text	长度为 7，主索引
姓名	Text	长度为 8
性别	Text	长度为 2
专业	Text	长度 10
出生日期	Date/Time	8
照片	Binary	
特长	Memo	

操作步骤如下。

（1）新建一个工程。

（2）选择"外接程序"|"可视化数据管理器"菜单命令，打开"可视化数据管理器"窗口，
如图 10-2 所示。

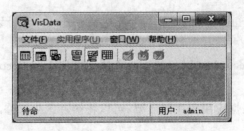

图 10-2 可视化数据管理器

（3）建立数据库。

① 在"可视化数据管理器"窗口中，选择"文件"|"新建"|Microsoft Access|Version 7.0
MDB 菜单命令，打开"选择要创建的 Microsoft Access"对话框，如图 10-3 所示。指定数据
库文件的保存位置，输入数据库文件名为 Student。

② 单击"保存"按钮，打开数据库窗口，如图 10-4 所示。

（4）创建学生基本信息表 XS。

① 在数据库窗口中右击，在弹出的快捷菜单中选择"新建表"命令，打开如图 10-5 所示
的"表结构"对话框。

② 在"表结构"对话框中的"表名称"文本框中输入要建立的数据表的名字 XS，然后单
击"添加字段"按钮，打开"添加字段"对话框，如图 10-6 所示。

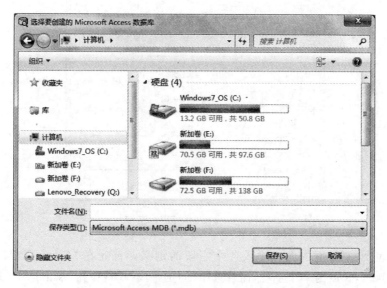

图 10-3　"选择要创建的 Microsoft Access 数据库"对话框

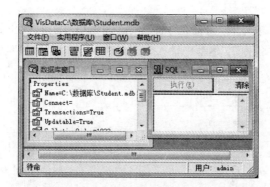

图 10-4　"数据库"窗口和"SQL 语句"窗口

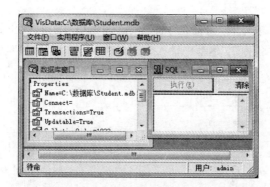

图 10-5　"表结构"对话框

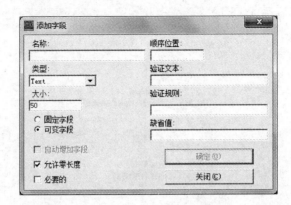

图 10-6 "添加字段"对话框

③ 按照表 10-1 所示的内容输入各个字段的定义。首先在"名称"文本框中输入"学号",类型为 Text,长度为 7 个字符,而且选中"固定字段"单选按钮,取消选中"允许零长度"复选框。单击"确定"按钮后,可以继续添加其他字段。完成各字段的定义后,单击"关闭"按钮,表结构便定义完成。

(5) 建立索引。在"表结构"对话框中单击"添加索引"按钮,弹出如图 10-7 所示的"添加索引到 XS"对话框。在"名称"文本框中输入索引名称 xh,选择"学号"字段为唯一的主索引。

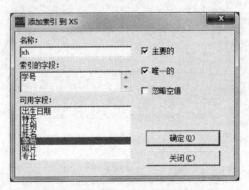

图 10-7 "添加索引到 XS"对话框

(6) 生成表。表结构确定之后,在"表结构"对话框中单击"生成表"按钮,数据表创建成功,在数据库窗口中出现数据表 XS。

(7) 为 XS 表输入数据。

① 在数据库窗口中右击 XS 表。

② 在弹出的快捷菜单中选择"打开"命令,弹出如图 10-8 所示的 Dynaset:XS 窗口。在该窗口中包含了 8 个命令按钮,主要功能是对已经定义了表结构的表进行数据的添加、编辑和删除等操作。在该对话框中单击"添加"按钮,即可向数据表中添加数据,添加完后单击"更新"按钮,即可将数据保存到表中。按此方法可输入 10 条记录数据。

【实例 10.2】 设计一个简单的应用程序,对上例创建的"Student.mdb"数据库中 XS数据表进行查询,输出"机电"专业学生的"姓名"、"学号"、"性别"和"出生日期"字段信息。

操作步骤如下。

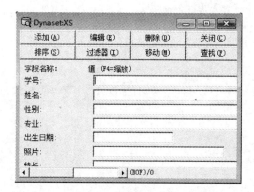

图 10-8　Dynaset:XS 窗口

（1）新建一个工程。

（2）将 ADO 对象库载入工程。选择"工程" | "引用"菜单命令，在弹出的"引用"对话框中选中 Microsoft ActiveX Data Object 2.0 Library 复选框，如图 10-9 所示，然后单击"确定"按钮。

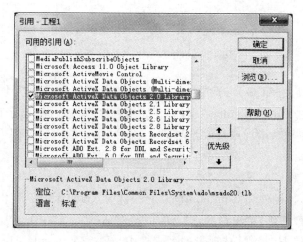

图 10-9　"引用"对话框

（3）在窗体上添加一个"基本信息查询"命令按钮，事件代码如下：

```
Private Sub Command1_Click()
    Dim i As Integer
    Dim cn As New ADODB.Connection
    Dim rs As New ADODB.Recordset
    Dim cmd As New ADODB.Command
    cn.CursorLocation = adUseClient
    cn.Open "PROVIDER = Microsoft.Jet.OLEDB.4.0; " &_
            "Data Source = c:\数据库\Student.mdb;"
    Set cmd.ActiveConnection = cn
    cmd.CommandText = " Select * From XS"
    rs.CursorLocation = adUseClient
    rs.Open cmd, , adOpenStatic, adLockOptimistic
    rs.Filter = "专业 = '机电'"
```

```
    Print Tab(18); "学生基本信息查询"
    Print "*****************************************************"
    Print "姓名", "学号", "性别", "出生日期"
    rs.MoveFirst
    For i = 0 To rs.RecordCount - 1
      Print rs.Fields("姓名"), rs.Fields("学号"), rs.Fields("性别"),
      rs.Fields("出生日期")
      rs.MoveNext
    Next i
    Set rs = Nothing
    Set cmd = Nothing
    Set cn = Nothing
  End Sub
```

运行程序,单击"基本信息查询"命令按钮,运行界面如图 10-10 所示。

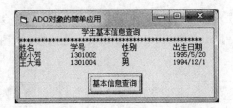

图 10-10　实例 10.2 的程序运行界面

【**实例 10.3**】　使用 ADO Data 控件及数据绑定控件创建一个学生信息管理应用程序(对实例 10.1 创建的 Student.mdb 数据库)。要求程序具有增加、删除和保存记录的功能,并可以通过单击图像框来增加或修改当前记录"照片"字段的内容。

具体操作步骤如下。

(1) 新建一个工程。

(2) 将 ADO Data 控件和 Common Dialog 控件引入到工程中,具体步骤如下。

① 选择"工程"|"部件"菜单命令,打开"部件"对话框。

② 在"部件"对话框"控件"选项卡的列表框中,选中 Microsoft ADO Data Control 6.0 (OLEDB)和 Microsoft Common Dialog Control 6.0 复选框。

③ 单击"确定"按钮,ADO Data 控件和 Common Dialog 控件的图标即添加到工具箱中。

(3) 在窗体上添加一个 Adodc 控件 Adodc1 和一个 Common Dialog 控件 CommonDialog1。

(4) 右击 Adodc1,在弹出的快捷菜单中选择"ADODC 属性"菜单项,打开"属性页"对话框。

(5) 在"通用"选项卡中选中"使用连接字符串"单选项,单击"生成"按钮,打开"数据链接属性"对话框,然后在"提供程序"选项卡中选择 Microsoft Jet 4.0 OLE DB Provider。

单击"下一步"按钮,打开"连接"选项卡,在"选择或输入数据库名称(D):"下方的文本框中直接输入 student.mdb 数据库文件的路径和文件名,或者单击右侧的"…"按钮,在弹出的"选择 Access 数据库"对话框中进行选择。

(6) 单击"测试连接"按钮,当测试连接成功后,单击"确定"按钮,返回"属性页"对话框。

在"属性页"对话框中选择"记录源"选项卡,在"命令类型"下拉列表框中选择"2-adCmdTable"(表示以数据表作为数据源),在"表或存储过程名称"下拉列表框中选择XS,单击"确定"按钮完成 ADO Data 控件的设置。

(7) 在窗体上依次添加 8 个标签、6 个文本框、1 个图像框和 3 个命令按钮,设计界面如图 10-11 所示。其中,文本框 Text1~Text6 分别用于显示 Adodc1 记录集中当前记录的"姓名"、"学号"、"性别"、"专业"、"出生日期"和"特长"字段。将文本框 Text1~Text6 的DataSource 属性值设置为 Adodc1,DataField 属性设置为对应的字段名,这样就将文本框和ADO Data 控件绑定在一起了。同样,将图像框 Image1 的 DataSource 属性值设置为Adodc1,DataField 属性设置为"照片"字段,并将其 Stretch 属性设置为 True。

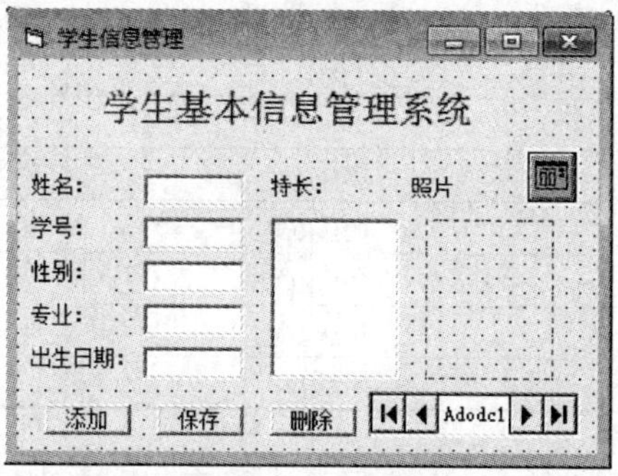

图 10-11　实例 10.3 的窗体设计界面

(8) 为控件对象添加代码。

```
'"添加"按钮单击事件代码
Private Sub Command1_Click()
    Adodc1.Recordset.AddNew
    Adodc1.Recordset.Fields("学号") = "1301000"   '新记录的默认学号值
    Image1.DataChanged = True '用来更改图片数据
    Adodc1.Recordset.Update
    Image1.DataChanged = True
End Sub
'"保存"按钮单击事件代码
Private Sub Command2_Click()
    Image1.DataChanged = True
    Adodc1.Recordset.Update
End Sub
'"删除"按钮单击事件代码
Private Sub Command3_Click()
    Adodc1.Recordset.Delete
    Adodc1.Recordset.Close              '删除后,先关闭记录集,然后重新打开
    Adodc1.Recordset.Open
    Adodc1.Refresh                      '刷新当前数据库数据
End Sub
'图像框单击事件代码
Private Sub Image1_Click()
    Dim picturename As String
    CommonDialog1.Filter = "JPG Files| * .JPG|Bitmaps| * .BMP|GIF Files| * .GIF"
```

```
    CommonDialog1.ShowOpen
    picturename = CommonDialog1.FileName
    Image1.Picture = LoadPicture(picturename)
End Sub
```

四、实验题目

1. 为实例 10.1 创建的 Student.mdb 数据库添加一个学生成绩表 CJ,其表结构如表 10-2 所示,并输入 10 条记录。

表 10-2　CJ 表结构

字段名	数 据 类 型	说　　明
学号	Text	长度为 7,主索引
姓名	Text	长度为 8
高数	Integer	2
计算机	Integer	2
英语	Integer	2
总分	Integer	2
平均分	Single	4

2. 针对上题创建的学生成绩表 CJ 编写两个程序分别实现以下功能。

(1) 利用 ADO 对象连接 Student 数据库,计算学生的总分和平均分,并输出平均分高于 80 分的学生成绩信息。

(2) 利用 ADO 控件编写学生成绩管理程序,实现数据的添加、删除、保存功能,并可以按学号查询成绩信息。

参 考 文 献

[1] 李良俊. Visual Basic 程序设计语言[M]. 2 版. 北京：科学出版社,2011.
[2] 龚沛曾. Visual Basic 程序设计教程[M]. 北京：高等教育出版社,2007.
[3] 吴昌平. Visual Basic 程序设计教程[M]. 3 版. 北京：人民邮电出版社,2012.
[4] 文东,冯建华. Visual Basic 程序设计基础与项目实训[M]. 北京：中国人民大学出版社,2009.
[5] 王学军,李静. Visual Basic 程序设计[M]. 北京：中国铁道出版社,2010.
[6] 王红亮,马志刚. Visual Basic 6.0 程序设计[M]. 北京：国防工业出版社,2011.
[7] 赵连胜,马国光. Visual Basic 程序设计[M]. 北京：中国计划出版社,2007.
[8] 王国权. Visual Basic 程序设计教程[M]. 北京：清华大学出版社,2012.